国家职业教育软件技术专业教学资源库配套教材

高等职业教育计算机类课程新形态一体化教材

及应用

▶ 主编　徐人凤　曾建华

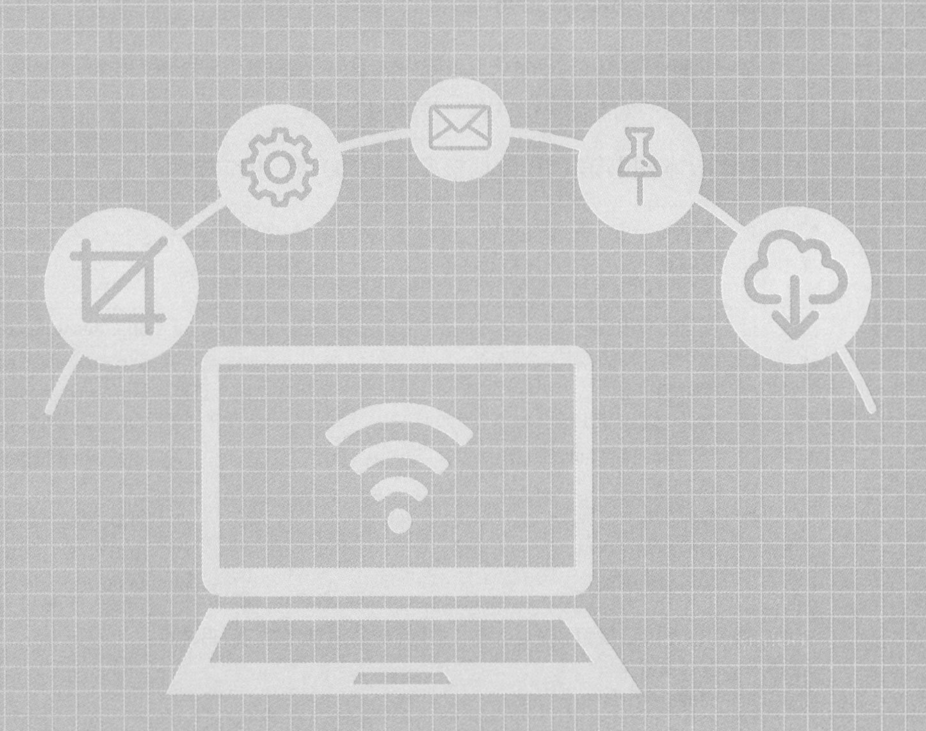

高等教育出版社·北京

内容提要

本书是国家职业教育软件技术专业教学资源库配套教材，同时为高等职业教育计算机类课程新形态一体化教材。本书以 MySQL 数据库管理系统为平台，是编者主持的国家级精品课、国家级精品资源共享课配套教材《SQL Server 2014 数据库及应用（第 5 版）》的孪生姊妹书。

本书以深圳职业技术学院“学生选课系统”应用为示例，使读者学会使用 SQL 语句和 MySQL-Front 创建、管理数据库及数据库对象，对数据库进行创建、修改、删除和查询，约束数据完整性，保护数据安全性，日常维护数据库；并快速掌握 Windows 应用程序和 ASP.NET 网站开发技术。

本书将配套建设微课视频、电子教案、教学课件 PPT、实训参考答案、示例程序和数据库案例素材等数字化学习资源。与本书配套的在线开放课程将在“智慧职教 MOOC 学院”（http://mooc.icve.com.cn/）上线，学习者可以登录网站进行在线开放课程的学习，授课教师可以调用本课程构建符合自身教学特色的 SPOC 课程，详见“智慧职教服务指南”。读者可登录网站进行资源的学习及获取，也可发邮件至编辑邮箱 1548103297@qq.com 获取相关资源。

本书可作为应用型、技能型人才培养的计算机专业及相关专业的教学用书，也可作为数据库初学者的入门用书、数据库系统工程师的培训教材，并适合使用 MySQL 进行应用开发的人员学习参考。

图书在版编目（CIP）数据

MySQL 数据库及应用 / 徐人凤，曾建华主编. --北京：高等教育出版社，2020.12
ISBN 978-7-04-055096-2

Ⅰ. ①M… Ⅱ. ①徐… ②曾… Ⅲ. ①SQL 语言-程序设计-高等职业教育-教材 Ⅳ. ①TP311.138

中国版本图书馆 CIP 数据核字（2020）第 192777 号

策划编辑 吴鸣飞　　责任编辑 吴鸣飞　　封面设计 张 志　　版式设计 马 云
插图绘制 于 博　　责任校对 王 雨　　责任印制 赵 振

出版发行	高等教育出版社	网　　址	http://www.hep.edu.cn
社　　址	北京市西城区德外大街 4 号		http://www.hep.com.cn
邮政编码	100120	网上订购	http://www.hepmall.com.cn
印　　刷	高教社（天津）印务有限公司		http://www.hepmall.com
开　　本	787 mm × 1092 mm　1/16		http://www.hepmall.cn
印　　张	15.25		
字　　数	310 千字	版　　次	2020 年12月第 1 版
购书热线	010-58581118	印　　次	2020 年12月第 1 次印刷
咨询电话	400-810-0598	定　　价	45.00 元

物 料 号　55096-00

智慧职教服务指南

基于“智慧职教”开发和应用的新形态一体化教材，素材丰富、资源立体，教师在备课中不断创造，学生在学习中享受过程，新旧媒体的融合生动演绎了教学内容，线上线下的平台支撑创新了教学方法，可完美打造优化教学流程、提高教学效果的“智慧课堂”。

“智慧职教”是由高等教育出版社建设和运营的职业教育数字教学资源共建共享平台和在线教学服务平台，包括职业教育数字化学习中心（www.icve.com.cn）、职教云 2.0（zjy2.icve.com.cn）和云课堂（APP）三个组件。其中：

- 职业教育数字化学习中心为学习者提供了包括“职业教育专业教学资源库”项目建设成果在内的大规模在线开放课程的展示学习。
- 职教云实现学习中心资源的共享，可构建适合学校和班级的小规模专属在线课程（SPOC）教学平台。
- 云课堂是对职教云的教学应用，可开展混合式教学，是以课堂互动性、参与感为重点贯穿课前、课中、课后的移动学习 APP 工具。

“智慧课堂”具体实现路径如下：

1. 基本教学资源的便捷获取及 MOOC 课程的在线学习

职业教育数字化学习中心为教师提供了丰富的数字化课程教学资源，包括与本书配套的电子课件（PPT）、微课、动画、教学案例、实验视频、习题及答案等。未在 www.icve.com.cn 网站注册的用户，请先注册。用户登录后，在首页或“课程”频道搜索本书对应课程“MySQL 数据库及应用”，即可进入课程进行在线学习或资源下载。注册用户同时可登录“智慧职教 MOOC 学院”（http://mooc.icve.com.cn/），搜索“MySQL 数据库及应用”，点击“加入课程”，即可进行与本书配套的在线开放课程的学习。

2. 个性化 SPOC 的重构

教师若想开通职教云 SPOC 空间，可将院校名称、姓名、院系、手机号码、课程信息、书号等发至 1548103297@qq.com（邮件标题格式：课程名+学校+姓名+SPOC 申请），审核通过后，即可开通专属云空间。教师可根据本校的教学需求，通过示范课程调用及个性化改造，快捷构建自己的 SPOC，也可灵活调用资源库资源和自有资源新建课程。

3. 云课堂 APP 的移动应用

云课堂 APP 无缝对接职教云，是“互联网+”时代的课堂互动教学工具，支持无线投屏、手势签到、随堂测验、课堂提问、讨论答疑、头脑风暴、电子白板、课业分享等，帮助激活课堂，教学相长。

前　言

一、缘起

数据库技术是计算机科学技术的一个重要分支，是信息技术中一个重要的支撑，是衡量信息化程度的主要标志。

数据库的应用领域非常广泛，不论是政府部门、银行、证券、医院、公司或大型企业等，实施信息化都需要使用数据库，数据库与人们的学习、工作和生活已密不可分。

数据库人才的需求呈增长趋势，用人市场提供的职位包括数据库管理、数据库应用系统开发等。

MySQL 在数据库市场占有一定的份额，因此掌握 MySQL 数据库技术非常必要。

二、结构

通过本书的学习，读者能了解数据库的相关概念，掌握数据库设计和实施方法。具有在 MySQL 上创建、管理数据库及其对象，以及对 MySQL 数据库进行日常管理与维护的能力，基本了解基于 MySQL 数据库应用系统开发技术，为后续课程的学习打下基础。

本书以项目为导向，用任务进行驱动，以曾建华老师开发的深圳职业技术学院“学生选课系统”为主线重组教学内容。通过对学生选课数据库的查询、设计、创建与管理，将数据库基础知识、数据查询、数据库设计、数据定义、维护表数据、索引、MySQL 编程基础、视图、存储过程、触发器、游标、事务、安全管理、日志管理和数据库维护等技术由浅入深逐一展开。每单元由学习目标、任务陈述、任务、应用举例、单元小结、思考与练习、实训等组成。分别采用两个不同的数据库贯穿始终：以 xk 数据库项目为示例讲解知识和技术；以 sale 数据库项目供学生课后系统性复习、巩固和模仿训练。

三、特点

本书面向 MySQL 数据库管理员、基于 MySQL 数据库应用系统的开发人员，重在培养这两个岗位所需要的职业能力和职业素养。

本书内容由浅入深，由实践到理论，再从理论到实践，通过问题牵引将理论与实践密切结合，反映了高等职业教育的特点，也符合初学者的认识和掌握计算机技术的规律。

本书是编者在总结多年大型数据库的使用、教学及数据库应用系统开发经验的基础上编写而成的。既不是简单地解释 MySQL 数据库系统的功能和命令，也不是单纯地进行理论讲授，而是通过对实际问题的逐步解决学习 MySQL 数据库应用技术。

本书使用曾建华老师开发的深圳职业技术学院“学生选课数据库”作为示例数据库，附录给出快速开发 C/S、B/S 应用的实例。

四、教学建议

1. 学时

单　元	单元名称	学　时
1	MySQL 数据库概述	4
2	查询与统计数据	12
3	数据库设计	8
4	创建与管理数据库	2
5	创建与管理数据表	8
6	维护表数据	4
7	实现索引	2
8	MySQL 编程基础	2
9	创建与管理视图	4
10	创建与管理存储过程	4
11	创建与管理触发器	4
12	创建与使用游标	2
13	事务	2
14	MySQL 安全管理	2
15	MySQL 日志管理	2
16	MySQL 数据库维护	2
附录 A	Visual Studio 应用开发实例	课外
	总学时	64

2. 教学方法

在教学过程中，宏观设计始终以学生选课系统为驱动；在微观的教学单元中，采用“问题牵引，层层递进”的教学方法。首先提出要解决的问题，以激发读者的学习兴趣和求知欲望，然后通过实例解决所提出的问题，解决问题的过程就是学习数据库应用技术的过程。

读者应认真完成每一单元后面的思考与练习、实训，并独自完成附录的快速开发。

3. 实践环境和脚本运行环境

PhPStudy V8，MySQL 5.7.26，Apache 2.4.39，操作系统可为 Windows 7/10。

本书提供的程序代码默认运行环境为 MySQL-Front SQL 编辑器。

有的程序代码在命令行窗口下运行需要略作修改。存储函数部分在例题中已经说明。

4. 课程考核方式

考核应侧重应用能力。建议:

总评成绩=形成性考核（40%）+期末总结性（开卷）考核（60%）。

形成性考核成绩可由课堂表现（10%）、课后作业/实训（10%）和测验（20%）组成。

五、配套教学资源

配套教学资源包括示例数据库、例题脚本、课后实训及参考答案、教学课件 PPT、微课视频等。教师可发邮件至邮箱 1548103297@qq.com 索取教学基本资源。

六、致谢

感谢高等教育出版社的编辑，他们严谨的工作作风和认真工作的态度，为本书质量提供了保障。

感谢多年以来愉快的合作。

七、其他

本书由徐人凤、曾建华主编。徐人凤负责全书策划、整体设计及统稿。单元 1 ~ 6 由徐人凤编写，其他单元和附录由曾建华老师编写。

由于编者水平有限，书中难免存在疏漏或错误之处，敬请读者批评指正，在此表示诚挚的谢意。

编　者

2020 年 10 月

目 录

单元 1

MySQL 数据库概述

学习目标

【知识目标】

- 理解数据库、数据库管理系统、数据库系统。
- 初步认识示例数据库 xk 以及 5 个用户数据表。
- 掌握 PhPStudy 安装方法。
- 初步了解 PhPStudy 的使用方法。

【技能目标】

- 会安装 PhpStudy。
- 会启动或停止 MySQL 数据库服务器。
- 会在 MySQL 中添加选课数据库 xk。
- 会使用 MySQL-Front 实现一个简单查询。
- 会使用 MySQL 命令行实现一个简单查询。
- 会使用 MySQL 工具备份 xk 数据库。

任务陈述

公司的员工小李计划使用 MySQL 开发数据库应用系统，现在首先需要在 MySQL 数据库服务器上快速增加学生选课数据库 xk，并实现一个简单查询。

数据库应用场景

数据库技术是计算机科学技术的一个重要分支，是信息技术中一个重要的支撑，也是衡量信息化程度的主要标志之一。

数据库的应用领域非常广泛，不论是政府部门、银行、证券、医院、公司或大型企业等，实施信息化都需要使用数据库存储与管理。

数据库与人们的工作、学习和生活已密不可分。商场 POS 系统、图书馆图书管理系统、学校教务系统、学生选课系统、校园一卡通系统、银行系统、电信计费系统、有线电视的用户管理系统、机票或火车票订票系统、高考考生录取系统、医院管理系统，以及人们上网需要使用用户名或密码登录的交互软件、社区网络、购物网站等都需要使用数据库来存储、处理数据信息。将这些使用数据库的计算机应用系统称为数据库应用系统，或简称为数据库系统。

数据库，简单地说，它是存储数据的仓库，是按照数据结构来组织、存储和管理数据的仓库。

数据库管理系统是管理数据库的系统，即对数据库执行一定的管理操作。数据库管理系统常被简称为数据库。

目前市场上主流数据库管理系统有 Oracle 数据库、MySQL 数据库、SQL Server、DB2 等数据库。

数据库应用的场景非常多，下面给出两个应用场景。

场景 1　学生选课管理

某高校有 23 000 余名学生，每学期末学生需要在网上申报下一学期的选修课，每名学生只可以填报 5 个志愿。学生在网上申报时需要填写要选修的课程及该课的志愿号。学生选课系统会根据学生选报的志愿及选修课程对修读人数的限制等进行随机产生选修课的修读名单。

要求使用 MySQL 保存所有选修课程的学生信息、学校开设的选修课程信息以及学生报名选修课程的信息。允许相关工作人员根据实际需要查询学生信息、已开设的选修课程的信息和学生选修课程的信息，统计选修课程开设情况等。要保证所存储的学生、课程、学生选课信息的安全性。

该学校需要开发一个学生选修课管理系统。

场景 2　产品销售管理

某公司需要对产品进销存的情况进行计算机管理，需要在计算机中存储客户资料、产品资料、产品进货情况和销售情况等。在工作中根据需要查询客户信息、产品信息、产品进货情况或销售情况，进行一些数据的统计和汇总。

该公司需要开发计算机进销存管理系统。

【想一想】在日常生活、学习和工作中，还有哪些地方应用到了数据库技术？

MySQL 数据库简介

MySQL 是一个关系型数据库管理系统，由瑞典 MySQL AB 公司开发，目前为 Oracle 旗下产品。它是目前流行的开放资源（Open Source）数据库。如今许多网站选择 MySQL 数据库存储和管理数据，如阿里巴巴的淘宝。目前互联网上流行的网站架构为 LAMP（Linux+Apache+MySQL+PHP），即采用 Linux 操作系统、Apache 为 Web 服务器、MySQL 为数据库服务器、PHP 为服务器端脚本解释器。由于这四个软件都遵循 GPL 的开放源代码协议，因此使用这种方式可以建立低成本的网站。MySQL 体积小、速度快，使用 SQL 语言访问数据库，它在很多方面都具有优势。

1. 技术优势

MySQL 是开放源代码的数据库，这就使得任何人都可以获取 MySQL 的源代码，并修正 MySQL 的缺陷；并且任何人都能以任何目的来使用该数据库。这是一款自由使用的软件，而对于很多互联网公司，选择使用 MySQL，是一个化被动为主动的过程，无须再因为依赖别人封闭的数据库产品而受到牵制。

2. 成本低

任何人都可以从官方网站下载 MySQL。社区版 MySQL 是免费的，即使有些附加功能需要收费，也是非常便宜的；相比之下，Oracle、DB2、SQL Server 价格不菲，如果再考虑搭载的服务器和存储设备，成本差距大。

3. MySQL 的跨平台性

MySQL 不仅可以在 Windows 操作系统上运行，还可以在 UNIX、Linux 和 Mac OS 等操作系统上运行。

4. 性价比高，操作简单

MySQL 是一个多用户、多线程的 SQL 数据库服务器，能够快速、高效、安全地处理大量的数据。MySQL 的管理和维护简单，初学者容易上手，学习成本低。

5. MySQL 的集群功能

MySQL 集群（MySQL Cluster）版本适合于分布式计算环境的高实用、高冗余，允许在一个集群中运行多个 MySQL 服务器。目前能够运行 MySQL Cluster 的操作系统有 Linux、Mac OS 和 SoLaris。

MySQL 版本有社区版、企业版和集群版。社区版（MySQL Community Server）是开源免费的，官方不提供技术支持。社区版是通常使用的 MySQL 版本，有不同的操作系统版本。MySQL 企业版（MySQL Enterprise Edition）需付费，但可以试用 30 天。集群版（MySQL Cluster）开源免费，可将几个 MySQL Server 封装成一个 Server。高级集群版（MySQL Cluster CGE），需付费。

这里介绍两个软件集成包，一个是 PhPStudy，另一个是 AppServ。

PhPStudy 是一个 PHP 调试环境的程序集成包，它集成了 Apache 服务器、MySQL 数据库服务器、phpMyAdmin 等环境，安装容易、简单、方便。它不仅包括 PHP 调试环境，还包括了开发工具、开发手册等。还可以对站点域名进行管理，方便使用 cmd。

AppServ 是 PHP 网页架站工具组合包。AppServ 将网络上免费的架站资源 Apache、PHP、MySQL、phpMyAdmin 等重新包装成一个安装程序。如果计算机上没有安装过 Apache、PHP、MySQL 等系统，那么使用该软件可以迅速搭建完整的架站环境。

本书实训环境：PhPStudy V8，MySQL 5.7.26，Apache 2.4.39，操作系统可为 Windows 7/10。

任务 1.1 安装与配置软件

本书实训环境为 PhPStudy。为方便读者，这里分别介绍了 MySQL 社区版、APPServ 集成包软件的安装与配置方法。

安装与配置 PhPStudy

软件的下载地址：https://www.xp.cn/download.html。安装 PhPStudy 的步骤如下。

（1）从网站下载 PhPStudy 安装程序，然后运行它，在如图 1-1 所示的对话框中，依次选中“生成快捷方式”“阅读并同意软件许可协议”和“自定义选择”，这里将软件安装在 C 盘的 phpstudy_pro 文件夹下。然后单击“立即安装”按钮。此时开始安装软件并显示安装进度。在出现的“安装完成”对话框里，单击“安装完成”按钮，出现如图 1-2 所示的 PhPStudy 主页面。

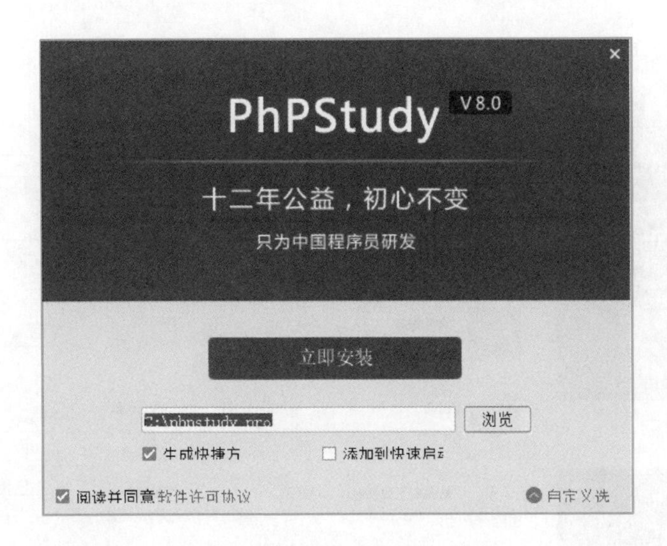

图 1-1　PhPStudy 安装对话框

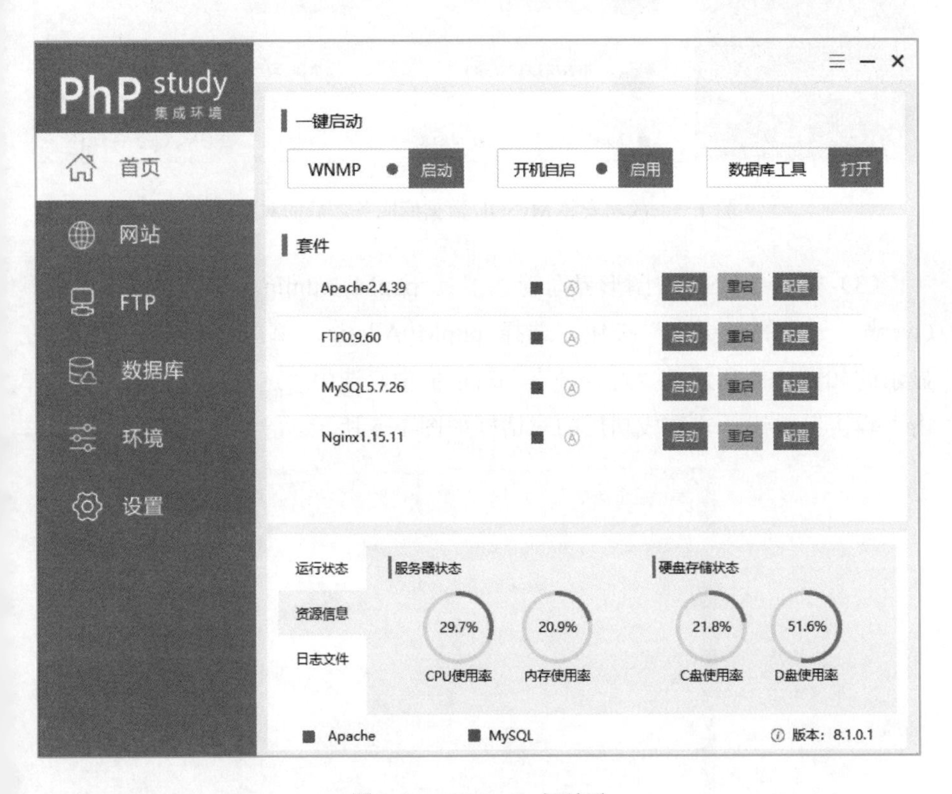

图 1-2　PhPStudy 主页面

（2）安装 MySQL 数据库服务器。在 PhPStudy 主页面下，单击左侧“环境”，然后单击右侧“数据库”的“更多”，选择要安装的版本 MySQL 5.7.26，然后单击“安装”按钮（注意，需连网）。安装成功后的对话框如图 1-3 所示。

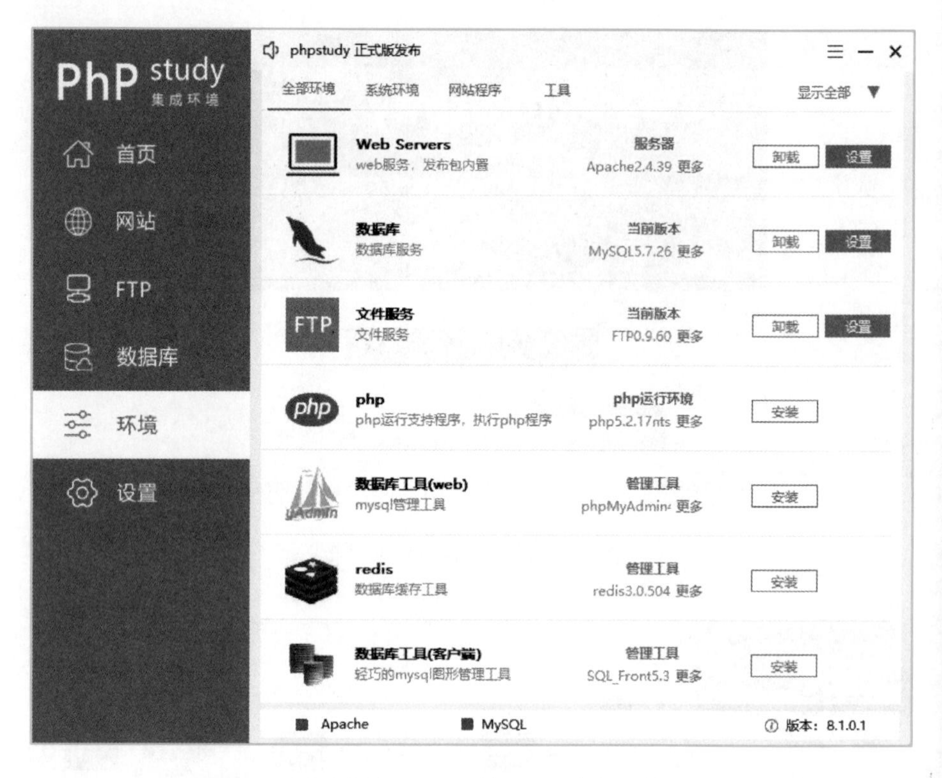

图 1-3　成功安装 MySQL 数据库服务之后的对话框

（3）安装 MySQL 图形界面管理工具 phpMyAdmin。单击“数据库工具（web）”一行的“更多”按钮，选择 phpMyAdmin，单击“安装”按钮。在显示的如图 1-4 所示的“选择站点”对话框中，选中“选择”复选框，然后单击“确认”按钮。安装成功后的对话框如图 1-5 所示。

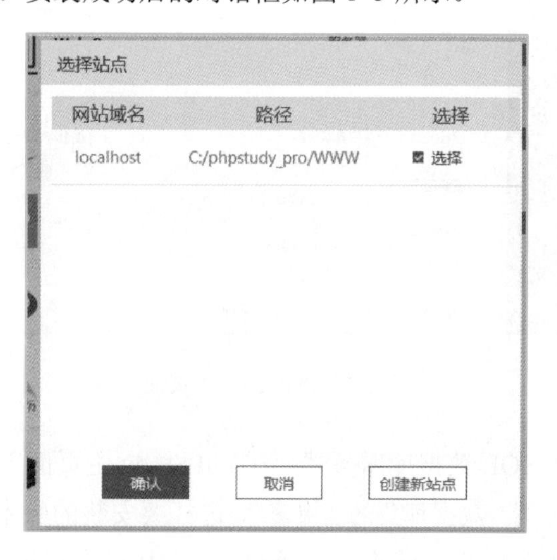

图 1-4　选择站点对话框

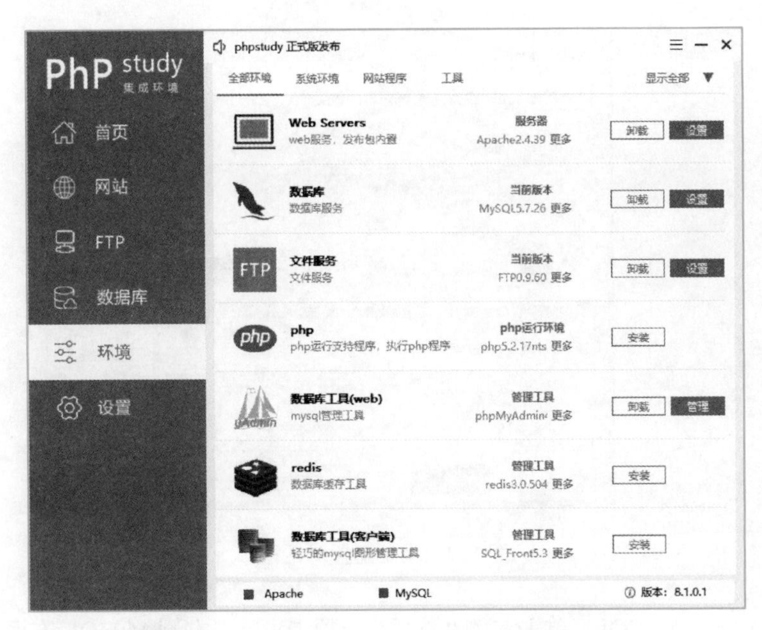

图 1-5　安装数据库工具（web）后的对话框

（4）安装轻巧的 MySQL 图形管理工具 SQL_Front。单击“数据库工具（客户端）”一行的“更多”按钮，选择 SQL_Front，单击“安装”按钮，完成安装。

（5）配置网站。在 PhPStudy 主页面下，单击左侧“网站”选项卡，出现如图 1-6 所示的配置网站端口对话框。此时，依次单击“管理”-“修改”按钮，出现网站配置对话框，如图 1-7 所示。将端口号改为 8080，单击“确认”按钮，完成网站配置。

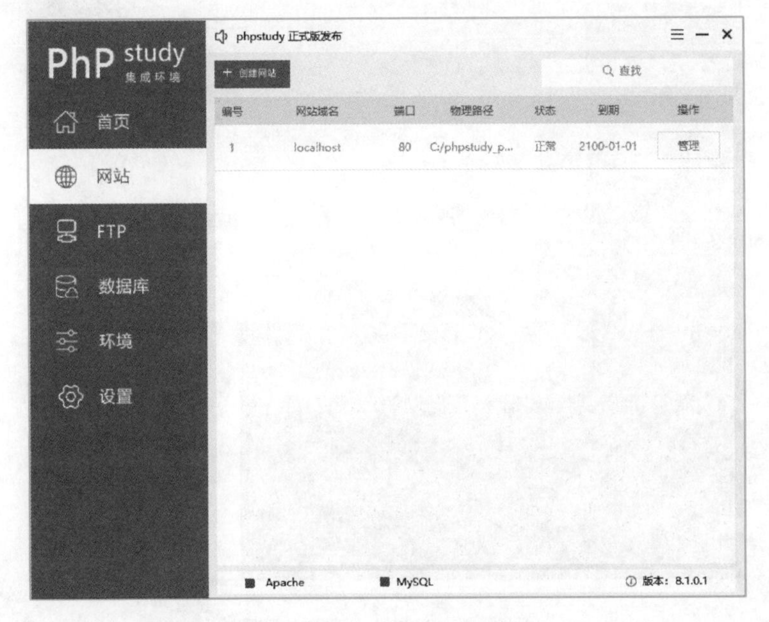

图 1-6　配置网站域名、端口和物理路径的对话框

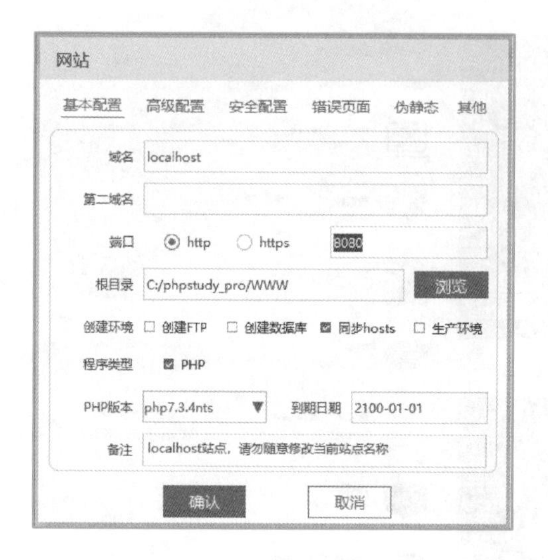

图 1-7 网站配置对话框

（6）配置 MySQL。单击左侧“首页”选项卡，单击右侧 MySQL 右面的“配置”按钮，在“MySQL 设置”对话框“引擎”下拉列表中选中“InnoDB”。然后单击“选项”按钮，依次选中 NO_AUTO_CREATE_USER、NO_ENGINE_SUBSTITUTION 和 STRICT_TRANS_TABLES 三个选项，如图 1-8 所示。单击“确定”按钮。

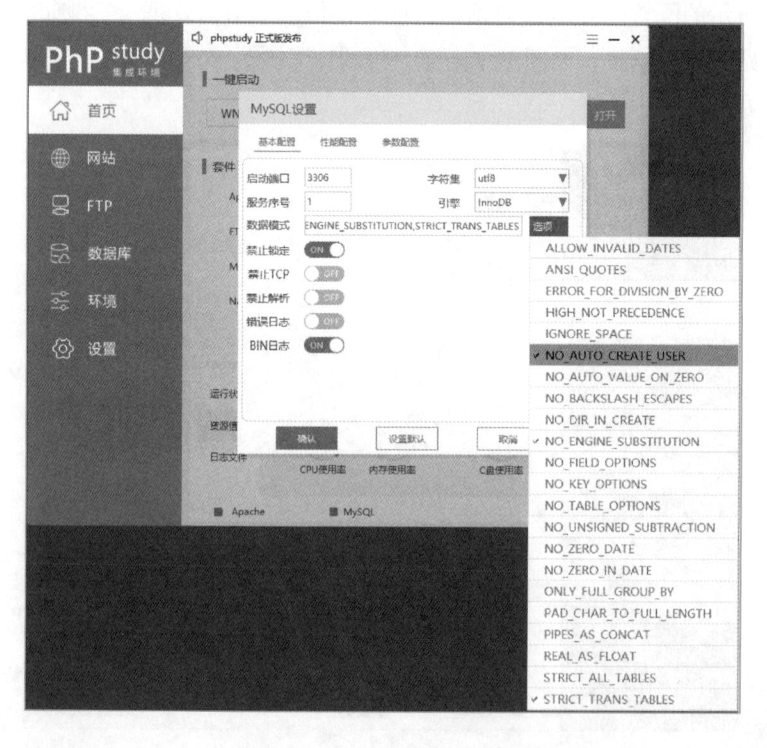

图 1-8 MySQL 配置对话框

（7）启动/停止 Apache 服务、MySQL 数据库服务。在 PhPStudy 主页面下，单击左侧“首页”选项卡，再依次单击 Apache“启动”按钮、MySQL“启动”按钮。

安装与配置 MySQL 社区版

社区版 MySQL 下载官网：https://dev.mysql.com/downloads/mysql/。下载界面如图 1-9 所示。单击“Go to Download Page”按钮，在出现的如图 1-10 所示的下载界面中单击方框中的“Download”按钮。

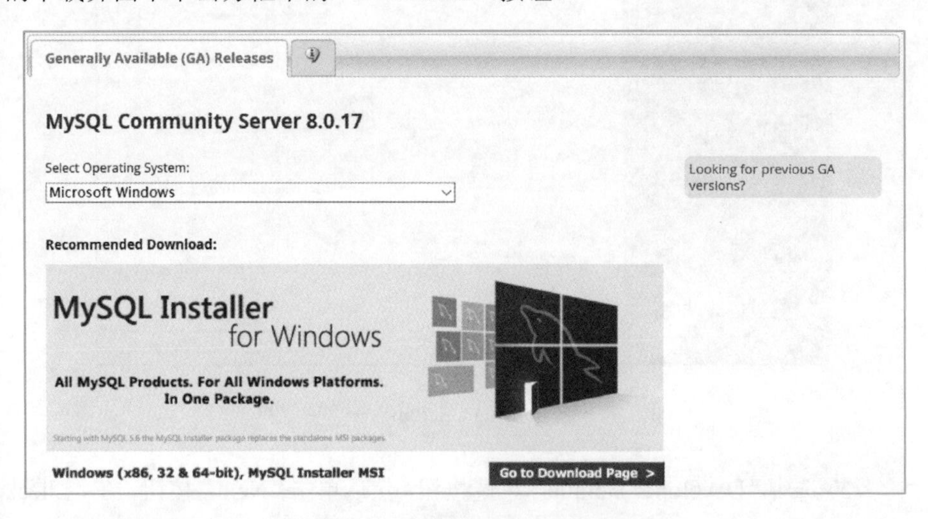

图 1-9　MySQL 社区版下载页面

Generally Available (GA) Releases

MySQL Installer 8.0.17

Select Operating System:

Microsoft Windows

Looking for previous GA versions?

Windows (x86, 32-bit), MSI Installer	8.0.17	18.5M	Download
(mysql-installer-web-community-8.0.17.0.msi)	MD5: 567707887fc0d1fad7fc848a878a0da2 | Signature		
Windows (x86, 32-bit), MSI Installer	8.0.17	393.4M	Download
(mysql-installer-community-8.0.17.0.msi)	MD5: 3aa8d6470fb6b58f517d3efb46e5472b | Signature		

We suggest that you use the MD5 checksums and GnuPG signatures to verify the integrity of the packages you download.

图 1-10　MySQL 社区版的软件下载页面

如果没有登录，则会显示注册或登录界面。在登录成功后，单击“Download Now”按钮，下载软件 mysql-installer-community-8.0.17.0。软件安装步骤如下。

（1）运行 mysql-installer-community-8.0.17.0，出现“License Agreement”对

话框。选中“I accept the License terms”复选框，单击“Next”按钮，出现“Choosing a Setup Type”对话框，如图 1-11 所示。

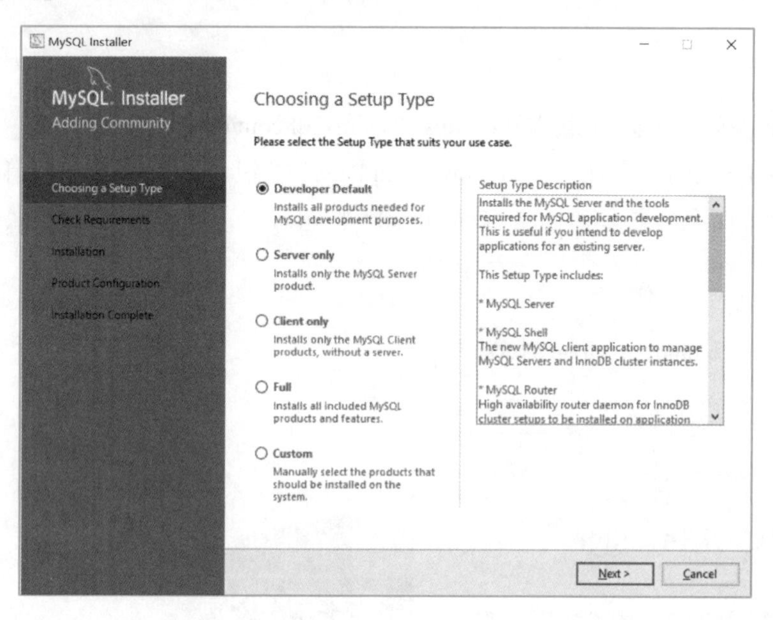

图 1-11 “Choosing a Setup Type”对话框

（2）选中“Developer Default”单选按钮，然后单击“Next”按钮，在“Check Requirements”对话框中单击“Execute”按钮，自动安装 Requirements 一栏中的组件。单击“Next”按钮，出现“Installation”对话框，如图 1-12 所示。

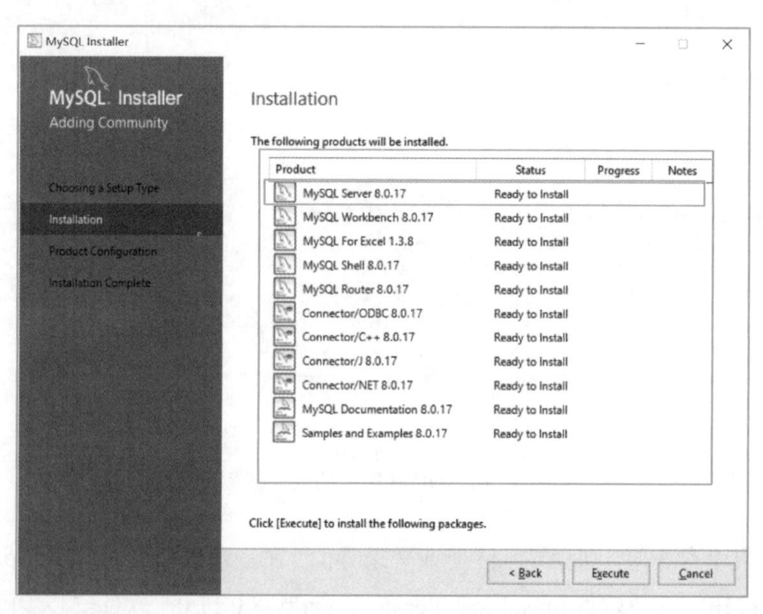

图 1-12 “Installation”对话框

（3）单击“Execute”按钮，显示安装进度状态直至完成产品的安装。后续选择默认安装即可，不再赘述。

（4）在如图 1-13 所示的“Accounts and Roles”对话框中，需要设置 MySQL 超级管理员 root 的登录密码，并再次确认输入的密码。单击“Add User”按钮，在“MySQL User Account 对话框”中，为 MySQL 数据库添加新用户。需要输入用户名、登录密码、登录的主机名、角色，如图 1-14 所示。单击“OK”按钮就成功地添加了一个新用户，如图 1-15 所示。

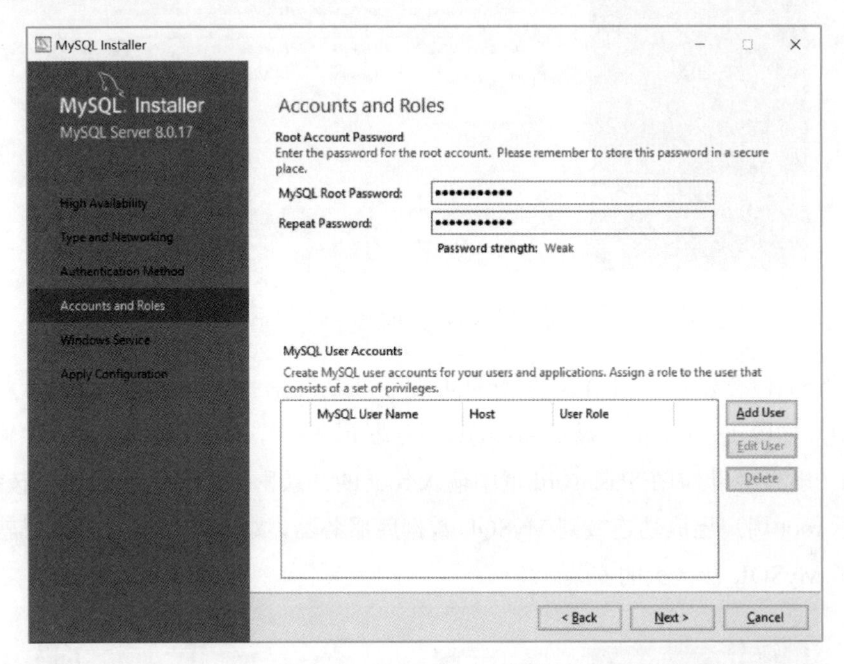

图 1-13　“Accounts and Roles”对话框

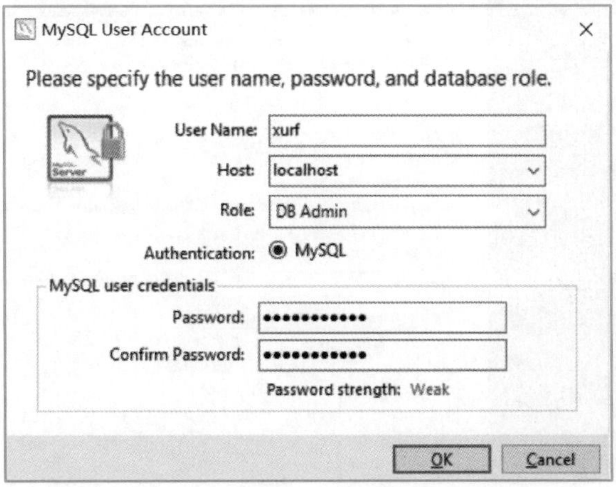

图 1-14　“MySQL User Account”对话框

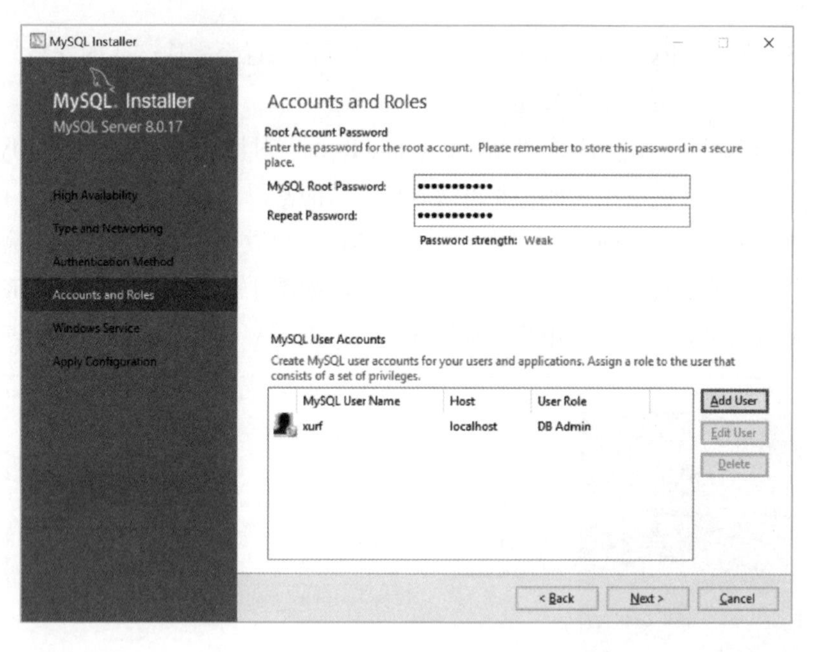

图 1-15 “Accounts and Roles”对话框

（5）检查以 root 用户连接 MySQL 是否成功。在“Connect To Server”对话框中，如图 1-16 所示，显示 MySQL 服务器正在运行。在 User name 框中输入 root（小写字母），在 Password 框中输入 root 的登录密码，单击“Check”按钮，显示 root 用户已成功连接到 MySQL 数据库服务器，如图 1-17 所示。这样就完成了 MySQL 社区版的安装。

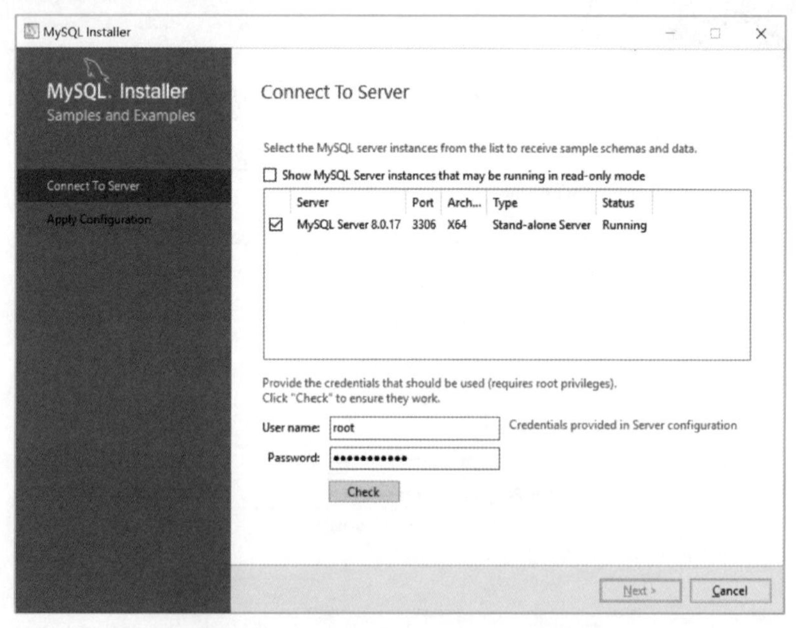

图 1-16 “Connect To Server”对话框

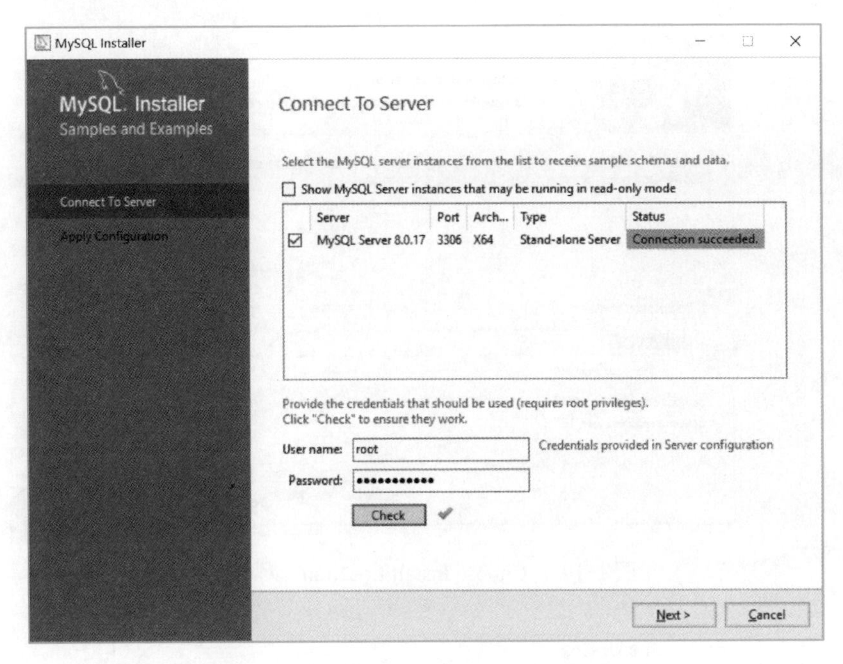

图 1-17　root 成功连接 MySQL 服务器

安装与配置 AppServ

软件下载地址：https://www.appserv.org/en/download/。安装 AppServ 步骤如下。

（1）双击 appserv-win32-8.6.0，出现如图 1-18 所示的“AppServer 8.6.0 Setup”对话框。单击“Next”按钮，在“License Agreement”对话框中单击“I Agree”按钮，出现“Choose Install Location”对话框，如图 1-19 所示。选择默认安装在 C 盘的 AppServ 目录下。单击“Next”按钮，出现“Select Components”对话框，如图 1-20 所示。

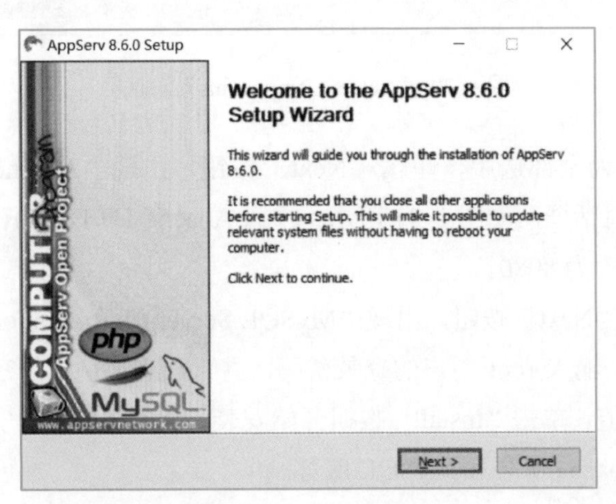

图 1-18　“AppServer 8.6.0 Setup”对话框

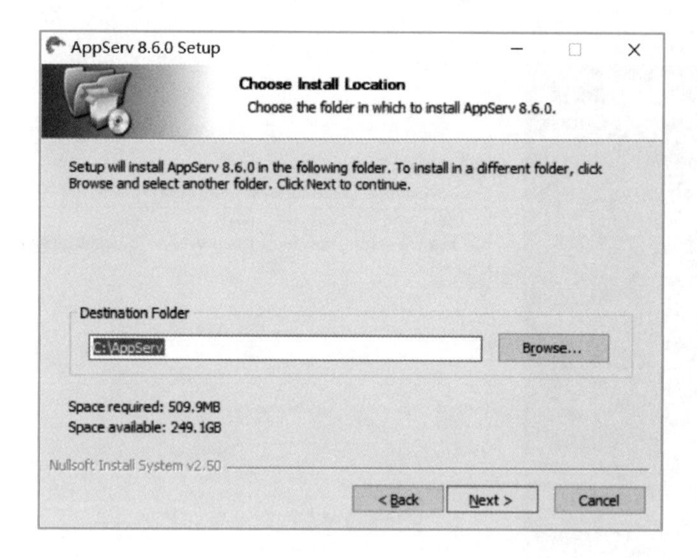

图 1-19 “Choose Install Location”对话框

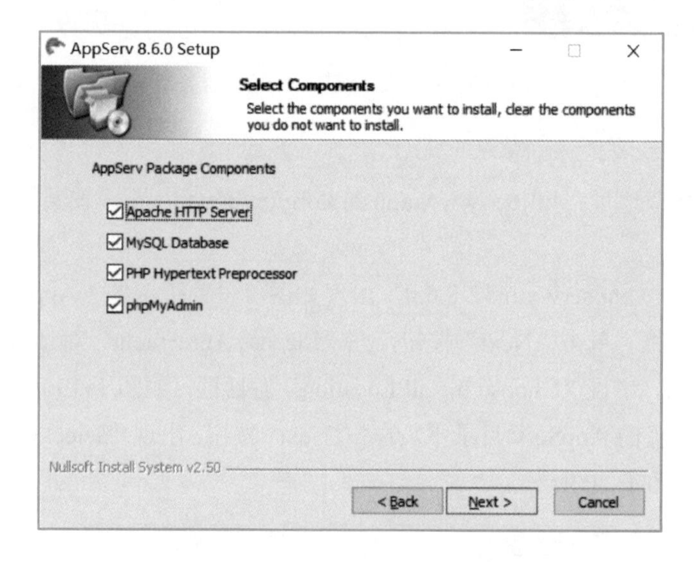

图 1-20 “Select Components”对话框

（2）默认为全部选中，单击“Next”按钮，出现“Apache HTTP Server Information”对话框，如图 1-21 所示。注意 Apache HTTP Port 默认为 80，此时已将端口修改为 8080。

（3）单击“Next”按钮，出现“MySQL Server Configuration”对话框，如图 1-22 所示。输入 root 用户的登录密码，并再次确认输入的密码。默认的字符集采用默认值。单击“Install”按钮开始安装，并完成安装。安装结束后，默认立即启动 Apache 服务和 MySQL 服务。

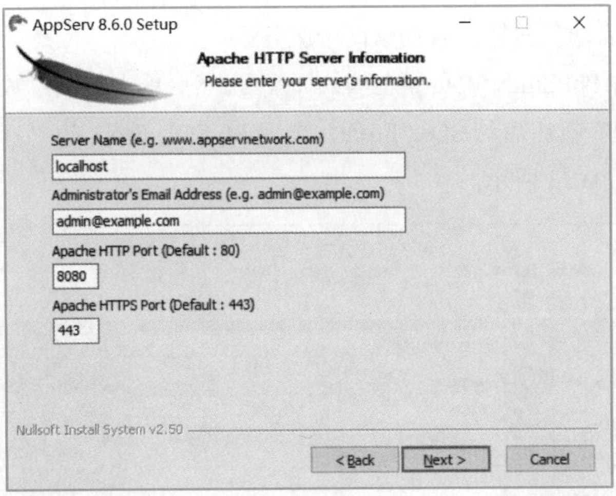

图 1-21 “Apache HTTP Server Information”对话框

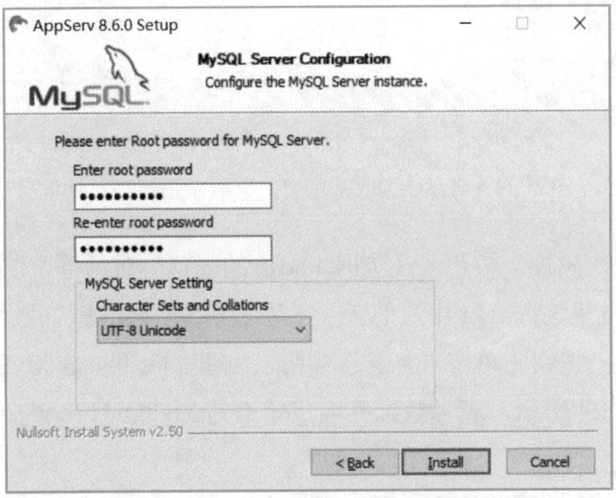

图 1-22 “MySQL Server Configuration”对话框

以上介绍了 PhPStudy 集成软件、MySQL 社区版和 AppServ 软件的安装。本书使用 PhPStudy 集成软件，读者可根据自己的使用习惯，选择使用数据库客户端工具 MySQL-Front 或图形界面工具 PhpMyAdmin。

下面介绍运行 MySQL-Front 程序、图形界面工具 PhpMyAdmin 以及在命令行窗口运行 MySQL 的方法。

运行 MySQL-Front

步骤如下。

（1）双击桌面上的 phpstudy_pro 图标，或在“程序”中找到并运行它。在出现的 PhPStudy 主页面上，单击左侧上的“首页”，然后依次单击右侧 Apache、

MySQL 的“启动”按钮，启动这两个服务。

（2）单击 PhPStudy 主页面左侧“环境”，然后单击右侧“数据库工具（客户端）”“管理”按钮启动 SQL_Front，出现 MySQL-Front 的“打开登录信息”对话框，如图 1-23 所示。

图 1-23 MySQL-Front 的“打开登录信息”对话框

（3）单击“属性”按钮，在“localhost 的配置”对话框中的用户框里输入 root，在密码框里输入 root 用户的登录密码（系统安装时默认密码为 root），然后单击“确定”按钮。单击“打开”按钮，出现“localhost- MySQL-Front”对话框，如图 1-24 所示，表示数据库客户端工具 MySQL-Front 安装正常。

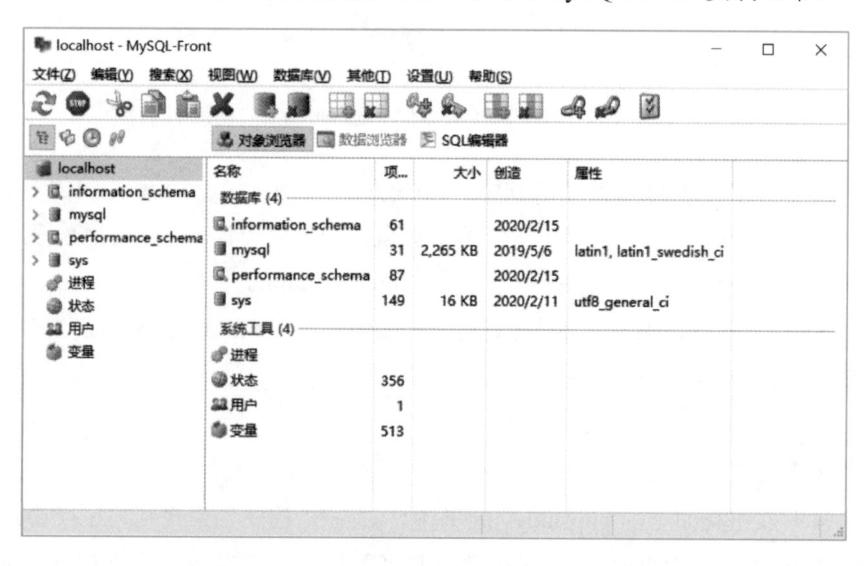

图 1-24 “localhost- MySQL-Front”对话框

运行 phpMyAdmin

（1）在 PhPStudy 主页面下，单击左侧“环境”选项卡，然后单击右侧“数据库工具（Web）”“管理”按钮，出现“欢迎使用 phpMyAdmin”对话框，在“用户名”框中输入 root，在“密码”框中输入 root 的登录密码，如图 1-25 所示。

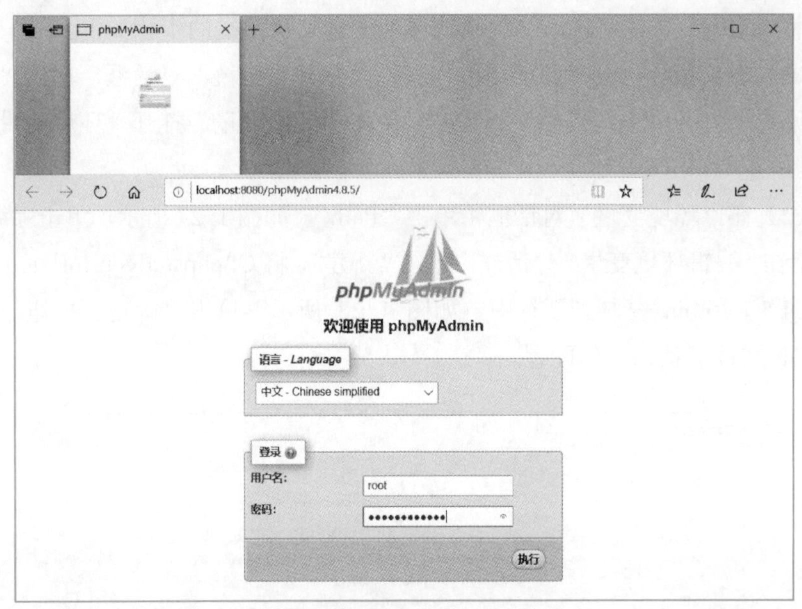

图 1-25 phpMyAdmin 登录对话框

（2）单击“执行”按钮，显示 phpMyAdmin 的工作环境对话框，如图 1-26 所示。

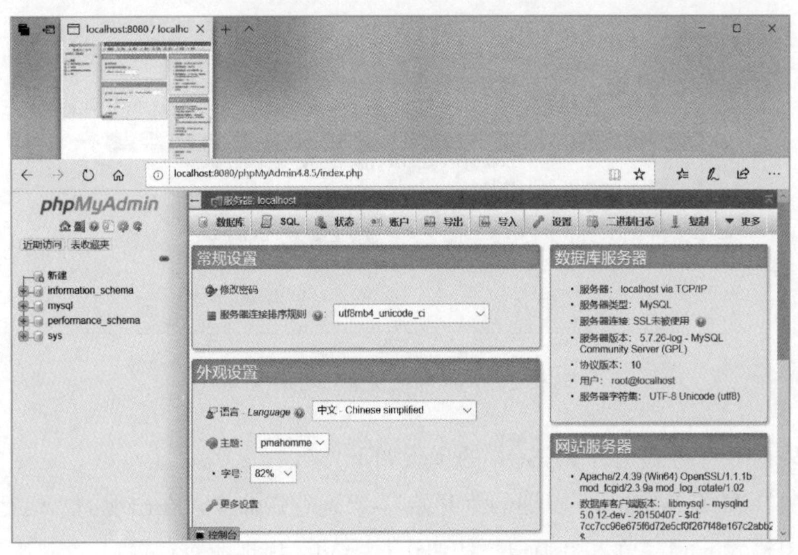

图 1-26 phpMyAdmin 的工作环境对话框

在命令行窗口运行 MySQL

在命令行窗口下可以方便地使用 MySQL 管理数据库。为输入命令简便，首先在计算机系统的环境变量中添加 MySQL 文件的路径。软件安装在 C 盘的 phpstudy_pro 文件夹下，MySQL 文件路径为 C:\phpstudy_pro\Extensions\MySQL 5.7.26\bin。

将 MySQL 文件路径添加到系统环境变量默认路径的步骤如下。

（1）右击鼠标打开“我的电脑”属性，打开“系统”对话框，单击“高级系统设置”打开“系统属性”对话框，单击“环境变量”打开“环境变量”对话框。

（2）在“环境变量”对话框中单击“Path”，如图 1-27 所示，单击“编辑”按钮，在“编辑环境变量”对话框中单击“新建”，将 C:\phpstudy_pro\Extensions\MySQL5.7.26\bin 复制到新行中，如图 1-28 所示，单击“确定”按钮，完成 MySQL 文件默认路径的配置。

图 1-27 “环境变量”对话框

以命令行方式运行 MySQL 的步骤如下。

（1）选择 Windows 桌面的“开始”-“运行”命令，在出现的“运行”对话框中输入 cmd，单击“确定”按钮运行 cmd，出现命令行窗口。

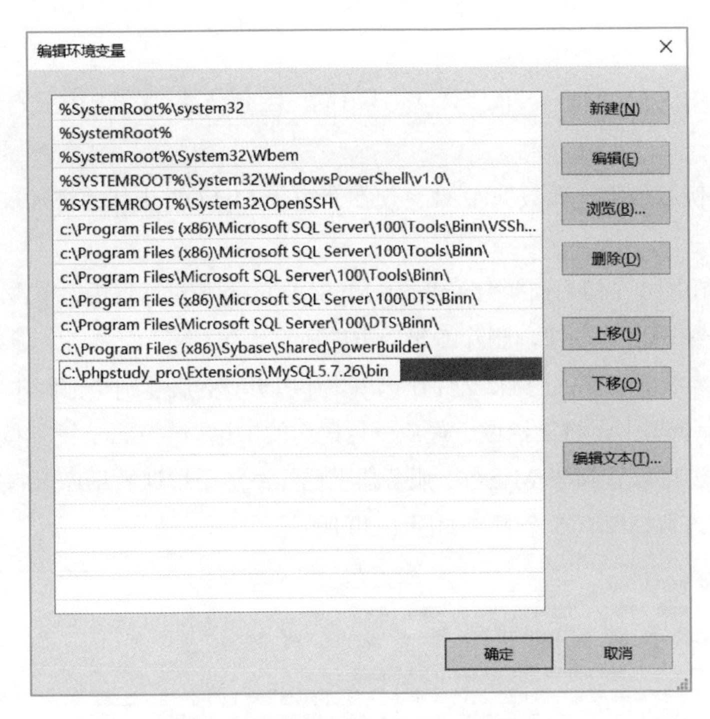

图 1-28 “编辑环境变量”对话框

（2）运行 MySQL，此时输入 mysql -uroot -p（按 Enter 键）。root（注意为小写字母）为 MySQL 的超级管理员用户，初始密码为 root。在 Enter password: 处输入 root 用户密码。以 root 用户成功登录 MySQL 数据库服务器的界面如图 1-29 所示。此时就可以输入 MySQL 命令了。

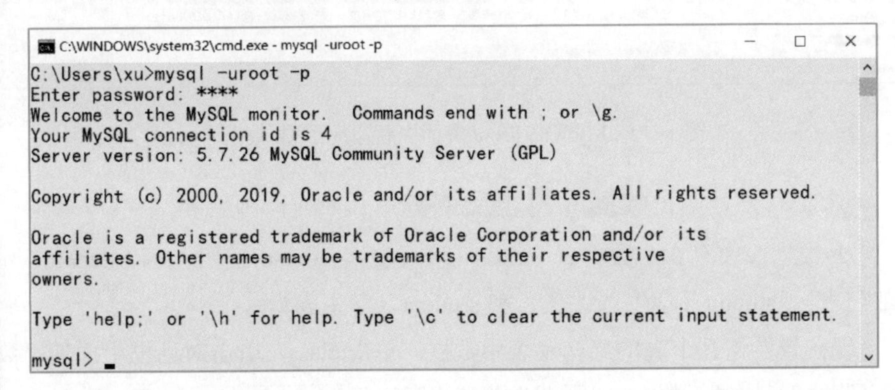

图 1-29 以 root 用户成功登录 MySQL 的界面

（3）在命令行窗口断开 MySQL。输入 EXIT（按 Enter 键）或 QUIT（按 Enter 键），结束 MySQL 程序的运行。

【注意】在命令行窗口下，输入的命令必须以分号（英文状态下）为结束符。

任务 1.2 在 MySQL 中新增选课数据库 xk

微课
在 MySQL 中新增选课数据库 xk

本书例题使用选课数据库 xk。现在介绍在 MySQL 中快速添加 xk 数据库的步骤。

（1）在图 1-24 所示的“localhost- MySQL-Front”对话框中，单击右侧上方的“SQL 编辑器”按钮，删除编辑器下的所有语句。

（2）将本单元提供的 xk 文件在记事本中打开，然后复制全部脚本将它粘贴到 SQL 编辑器中，将鼠标位于最后一行语句的末尾，按 Enter 键。按 F9 键，运行脚本。可以看到在 MySQL 服务器上已经添加了选课数据库 xk。展开 xk 可以看到该数据库有 5 个表，如图 1-30 所示。

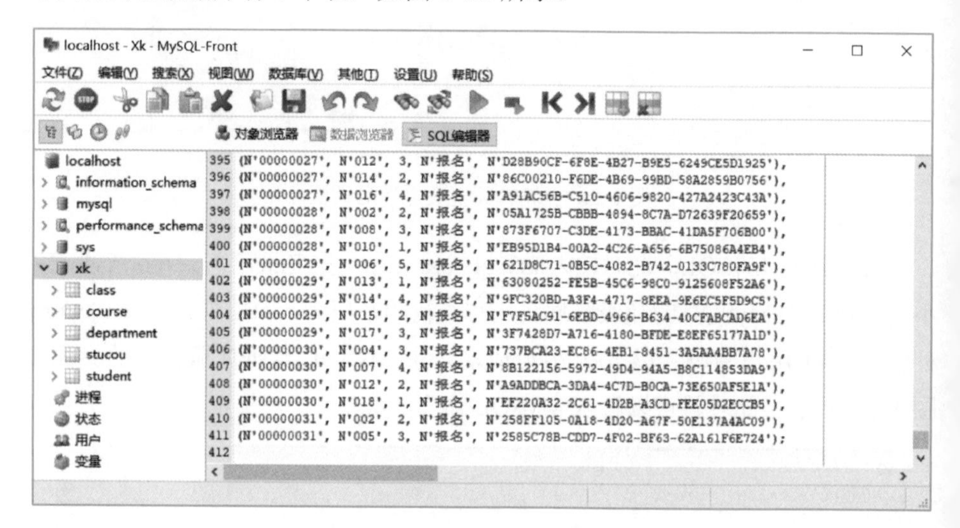

图 1-30 MySQL-Front 界面中新添加了 xk 数据库

熟悉 xk 数据库的表及结构

xk 数据库中有 5 个数据表：class（班级表）、course（课程表）、department（部门表）、stucou（学生选课表）和 student（学生表）。

现在查看这几个表的结构及表中数据。单击 class，单击对话框上面的“数据浏览器”（如果无数据，请刷新或关掉重新运行 MySQL-Front），可以看到 class 表有 3 列：classNo（班级编号）、className（班级名称）和 DepartNo（部门编号）。class 表结构及数据如图 1-31 所示。

course（课程表）有 10 列：CouNo（课程编号）、CouName（课程名）、Kind（课程类别）、Credit（学分）、Teacher（教师）、DepartNo（部门编号）、SchoolTime（上课时间）、LimitNum（限制选课人数）、WillNum（报名人数）和 ChooseNum

（被选中上该课程的人数）。course 表结构及数据如图 1-32 所示。

ClassNo	ClassName	DepartNo
20000001	00电子商务	01
20000002	00多媒体	01
20000003	00数据库	01
20000004	00建筑管理	02
20000005	00建筑电气	02
20000006	00旅游管理	03
20010001	01电子商务	01
20010002	01多媒体	01
20010003	01数据库	01
20010004	01建筑管理	02
20010005	01建筑电气	02
20010006	01旅游管理	03

图 1-31　class 表结构及数据

CouNo	CouName	Kind	Credit	Teacher	DepartNo	SchoolTime	LimitNum	WillNum	ChooseNu...
001	SQL Server实用技术	信息技术	3.0	徐人凤	01	周二5-6节	20	43	0
002	JAVA技术的开发应用	信息技术	2.0	程伟彬	01	周二5-6节	10	34	0
003	网络信息检索原理与技术	信息技术	2.0	李涛	01	周二晚	10	30	0
004	Linux操作系统	信息技术	2.0	郑星	01	周二5-6节	10	33	0
005	Premiere6.0影视制作	信息技术	2.0	李韵婷	01	周二5-6节	20	27	0
006	Director动画电影设计与制作	信息技术	2.0	陈子仪	01	周二5-6节	10	27	0
007	Delphi初级程序员	信息技术	2.0	李兰	01	周二5-6节	10	27	0
008	ASP.NET应用	信息技术	2.5	曾建华	01	周二5-6节	10	45	0
009	水资源利用管理与保护	工程技术	2.0	叶艳茵	02	周二晚	10	31	0
010	中级电工理论	工程技术	3.0	范敬丽	02	周二5-6节	5	24	0
011	中外建筑欣赏	人文	2.0	林泉	02	周二5-6节	20	27	0
012	智能建筑	工程技术	2.0	王娜	02	周二5-6节	10	21	0
013	房地产漫谈	人文	2.0	黄强	02	周二5-6节	10	36	0
014	科技与探索	人文	1.5	顾苑玲	02	周二5-6节	10	24	0
015	民俗风情旅游	管理	2.0	杨国润	03	周二5-6节	20	33	0
016	旅行社经营管理	管理	2.0	黄文昌	03	周二5-6节	20	36	0
017	世界旅游	人文	2.0	盛德文	03	周二5-6节	10	27	0
018	中餐菜肴制作	人文	2.0	卢萍	03	周二5-6节	5	66	0

图 1-32　course 表结构及数据

department（部门表）有 2 列：DepartNo（部门编号）和 DepartName（部门名称）。department 表结构及数据如图 1-33 所示。

stucou（学生选课表）有 5 列：StuNo（学号）、CouNo（课程编号）、WillOrder（志愿号）、State（选课状态：报名或选中）和 RandomNum（随机数，用途在后续单元中说明）。stucou 表结构及数据如图 1-34 所示。

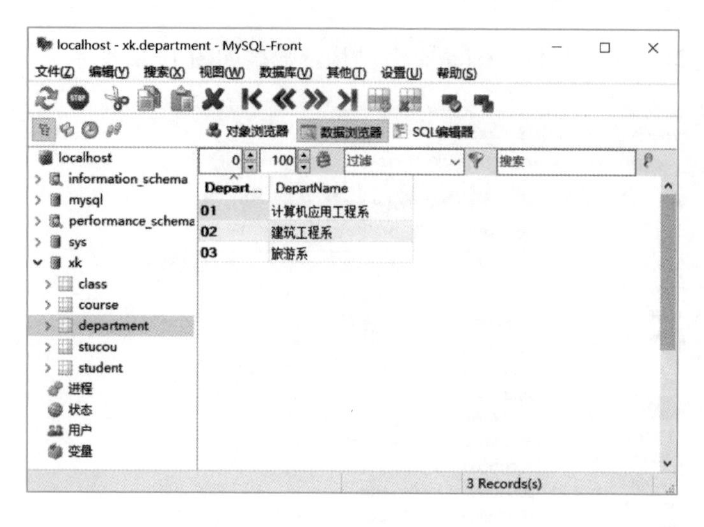

图 1-33 department 表结构及数据

StuNo	CouNo	WillOrder	State	RandomNum
00000001	001	1	报名	507FD0AC-D1A6-47B5-A341-15F5F764BD16
00000001	002	4	报名	067F1F5A-A545-4932-85AB-B3C7CCA1116C
00000001	003	3	报名	9BEE5748-F618-4773-AB74-448ABD9136F3
00000001	017	5	报名	E6CA90E0-A73B-4C58-91DD-DAAFFB0170B2
00000001	018	2	报名	2D62746B-B8AA-4704-9E69-D17794198908
00000002	001	1	报名	262CCF66-1322-4ED8-916F-18C49D22DB42
00000002	004	4	报名	EF0D14B2-6587-478C-837D-6566AA2BEE6C
00000002	008	3	报名	AA041EB4-A3EA-40AF-A8C8-57211BE22D8D
00000002	018	2	报名	C7AE597D-6FDF-40AC-A160-1B768757300C
00000003	002	2	报名	8BF5A003-1199-43BB-93FD-AB1360216CD5
00000003	003	3	报名	FD26F444-6074-460D-A386-6CAB911E0DBC
00000003	009	1	报名	5237D542-8860-4044-B02E-09ACA8AFA3DF
00000004	005	2	报名	79FA724B-4A9C-4867-93FC-37CE90017DE1
00000004	013	3	报名	77C71D5F-A7DD-4B63-B4BF-581E87C08928
00000004	018	1	报名	E6D3665F-18B2-4835-95FB-959DB122C096
00000005	004	2	报名	1184DDBA-2390-41F3-BB4E-5A9C3E394D96
00000005	017	3	报名	850448CA-BCC2-4A32-9C53-134294FF03F3
00000005	018	1	报名	3BED8788-560F-41E2-B2DB-773B84E4BF09

图 1-34 stucou 表结构及数据

student（学生表）有 5 列：StuNo（学号）、StuName（姓名）、classNo（班级编号）Pwd（选课密码）和 photo（照片）。student 表结构及数据如图 1-35 所示。

xk 数据库表间关系

class 表和 department 表之间通过 DepartNo（部门编号）进行连接，表示 class 表中的 DepartNo 来源于 department 表。

course 表和 department 表之间通过 DepartNo（部门编号）进行连接，表示 course 表中的 DepartNo 来源于 department 表。

StuNo	StuName	ClassNo	Pwd	photo
00000001	林斌	20000001	47FE680E	<NULL>
00000002	彭少帆	20000001	A946EF8C	<NULL>
00000003	曾敏馨	20000001	777B2DE7	<NULL>
00000004	张晶晶	20000001	EDE4293B	<NULL>
00000005	曹业成	20000001	A08E56C4	<NULL>
00000006	甘蕾	20000001	3178C441	<NULL>
00000007	凌晓文	20000001	B7E6F4BE	<NULL>
00000008	梁亮	20000001	BFDEB84F	<NULL>
00000009	陈燕珊	20000001	A4A0BDFF	<NULL>
00000010	韩霞	20000001	4033A878	<NULL>
00000011	朱川	20000002	19C5653D	<NULL>
00000012	杜晓静	20000002	117A709E	<NULL>
00000013	黄元科	20000002	C6C1E2B7	<NULL>
00000014	罗飞	20000002	6808A559	<NULL>
00000015	李林	20000002	E65AF58A	<NULL>
00000016	赖梅	20000002	767591C7	<NULL>
00000017	麦嘉	20000002	B7E43E7C	<NULL>
00000018	李月	20000002	3B6EC650	<NULL>

图 1-35　student 表结构及数据

student 表与 class 表之间通过 classNo（班级编号）进行连接，表示 student 表中的 classNo 来源于 class 表。

stucou 表与 student 表之间通过 StuNo（学号）进行连接，stucou 表与 course 表之间通过 CouNo（课程编号）进行连接，分别表示 stucou 表中的 StuNo 来源于 student 表，CouNo 来源于 course 表。

任务 1.3　实现一个简单查询

在 MySQL-Front 的 SQL 编辑器中可以交互地输入和执行各种 SQL 语句。下面实现一个简单查询。

【问题 1.1】查询 class（班级表）的所有数据。

在 SQL 编辑器中输入如下 SQL 语句：

```
USE xk;
SELECT  *  FROM  class
```

按 F9 键执行该语句。查询结果如图 1-36 所示。

可以将输入的 SQL 语句保存到磁盘文件中，单击“文件”-“保存”按钮，文件类型为 SQL 脚本（*.sql）。

【问题 1.2】在 student 表中查询姓“张”同学的信息。

在 SQL 编辑器中输入并执行如下 SQL 语句：

```
USE xk;
SELECT * FROM student WHERE StuName LIKE  '张%'
```

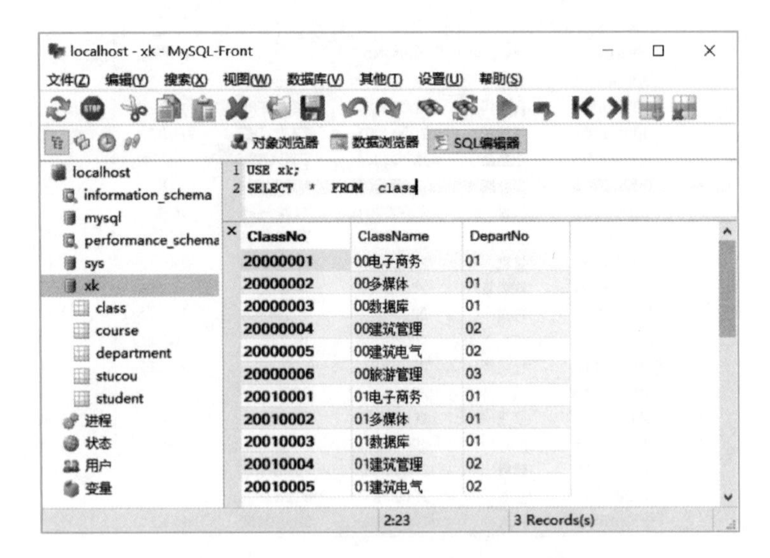

图 1-36 MySQL-Front 的 SQL 编辑器

【注意】英文状态下输入引号。执行结果如图 1-37 所示。

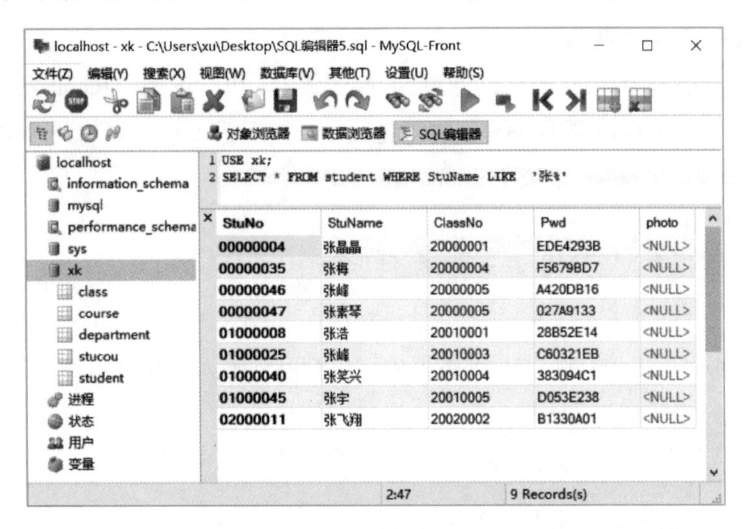

图 1-37 查询姓“张”同学的返回结果

【注意】本书提供的程序代码默认使用在 MySQL-Front 环境下。如果需要也可以在命令行窗口下输入并执行 SQL 语句。

【问题 1.3】在命令行窗口，以 root 用户登录并直接连接 MySQL 服务器的 xk 数据库。

在 Windows 桌面选择“开始”-“运行”cmd，在命令行窗口输入如下语句：

```
mysql -u root -p xk
```

在 Enter password:处输入 root 用户的密码后，出现：

```
mysql>
```

表示 root 用户已经连接到 xk 数据库。查看 xk 数据库中有哪些表，输入语句：

```
SHOW TABLES;
```

执行结果如图 1-38 所示。退出 MySQL，输入：

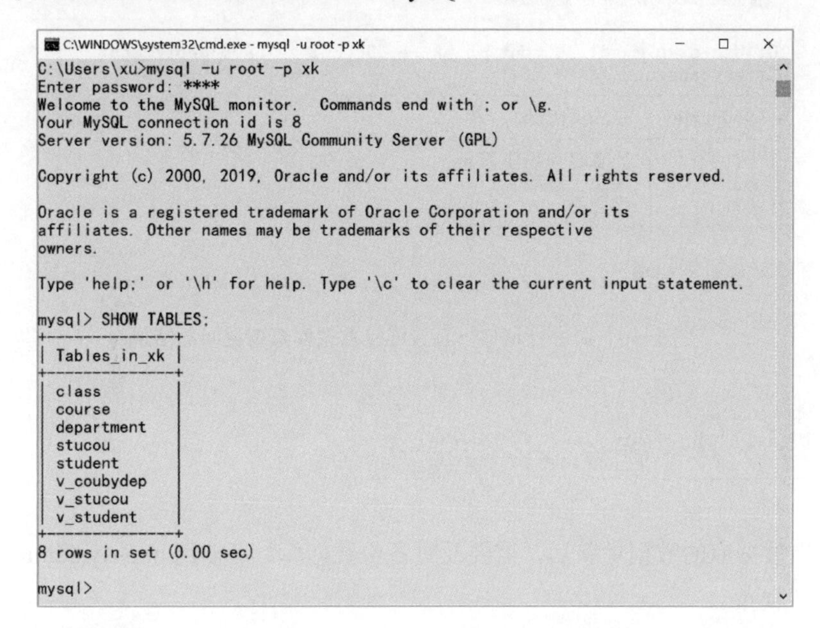

图 1-38 命令行窗口下直接连接 xk 数据库，返回数据库中表名

```
EXIT
```

【问题 1.4】在命令行窗口，以 root 用户登录到 MySQL 服务器的 xk 数据库，显示 student 表结构。

在命令行窗口输入如下语句：

```
mysql -u root -p xk -e "DESC student"（按 Enter 键）
```

执行结果如图 1-39 所示。

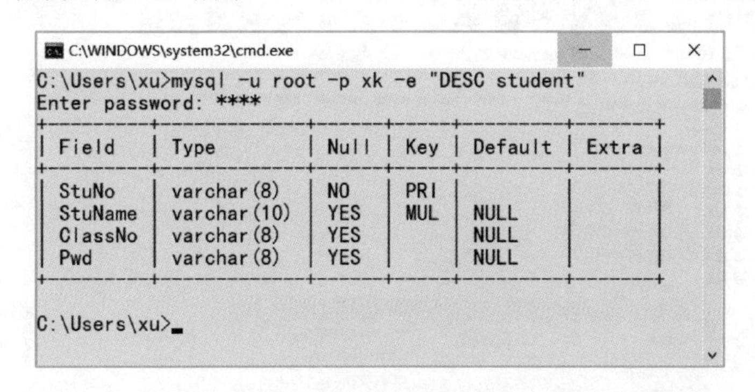

图 1-39 命令行窗口下查询返回结果

【问题 1.5】以 root 用户登录到 MySQL 服务器的 xk 数据库，并显示 department 表的所有数据。

在命令行窗口输入如下语句：

```
mysql -u root -p xk -e "SELECT *  FROM department"
```

输入 root 用户的命令后，显示结果如图 1-40 所示。

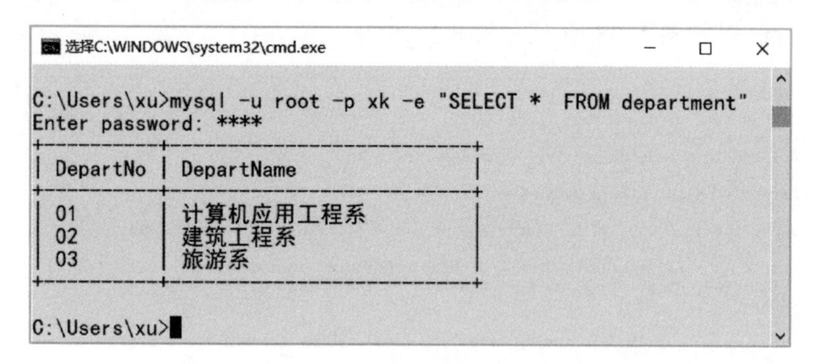

图 1-40 命令行窗口下直接连接数据库查询返回的结果

任务 1.4 备份 xk 数据库

当数据库的数据更新后，需要及时备份数据库，可使用 phpMyAdmin 中的“导出”功能。

【问题 1.6】使用 MySQL-Front 导出 xk 数据库。

步骤如下。

（1）单击选中 xk，然后单击鼠标右键，选择“输出”-“SQL 文件”命令，如图 1-41 所示。在显示的“保存”对话框里，输入 xk_bak 文件名，文件扩展名默认为.sql，单击“保存”按钮。

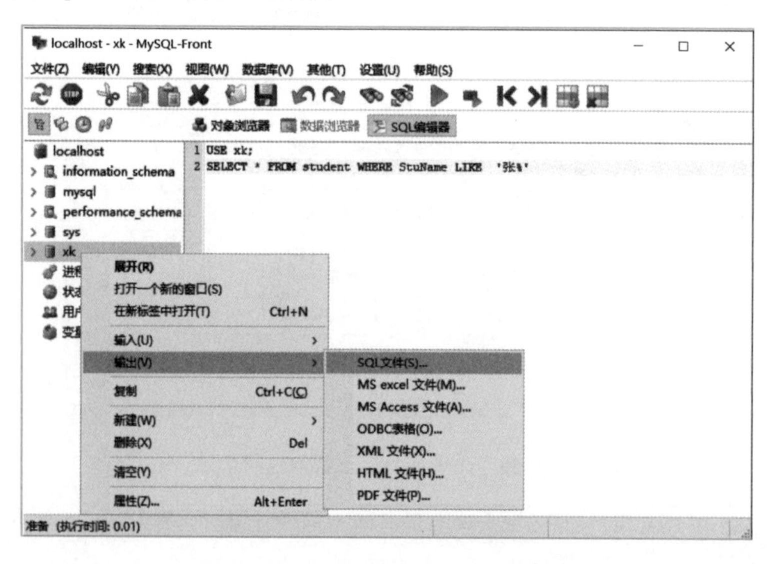

图 1-41 选择要备份的 xk 数据库

（2）在“输出 xk_bak 对话框”中，默认导出表结构和数据，删除以前的创建，然后单击“运行”按钮。可以使用记事本打开这个文件。

单元小结

在本单元:

- 了解数据库、数据库管理系统、数据库应用系统的概念。
- 了解数据库技术应用的场景。
- 对 MySQL 有了初步的认识。
- 会安装 PhPStudy 软件。
- 会启动/停止 Apache 服务、MySQL 服务。
- 会在 MySQL 中添加选课数据库 xk。
- 了解示例数据库 xk 及数据库中的 5 个数据表。
- 会使用 MySQL-Front、PhpMyAdmin 实现一个简单查询。
- 会使用 MySQL-Front 备份 xk 数据库。

思考与练习

1. 如何启动/停止 Apache 服务、MySQL 服务？
2. 如何使用脚本 xk.sql，在 MySQL 中快速添加 xk 数据库？

实训 参考答案

实训

1. 熟悉 MySQL-Front、PhpMyAdmin 的使用。
2. 分别使用 MySQL-Front、PhpMyAdmin 实现如下查询：

1）查看 department 表中的所有信息。

2）查看 course 表中所有课程信息。

3）查看 student 表中所有学生的信息。

4）查看 stucou 表中所有选课信息。

单元 2

查询与统计数据

学习目标

【知识目标】

- 掌握使用 SELECT 语句查询数据的方法。
- 掌握按需要重新排序查询结果的方法。
- 掌握分组或统计查询结果的方法。

【技能目标】

- 会使用 SELECT 语句精确查询或模糊查询数据库中的信息。
- 会重新排序查询结果。
- 会分组统计或汇总查询结果。

小李和小张是某校的学生，他们希望从选课数据库 xk 中查看某老师开设的选修课及某门课允许多少人选修；班主任孙老师需要查看自己班学生选修课程的情况；教务处赵老师希望查看并统计学生选报选修课的情况，统计所有选修课的平均报名人数。

知识学习

SQL（Structured Query Language）数据查询是数据库操作的基本功能，也是后续内容的基础。使用 SELECT 语句可以查询后台数据库中的数据，还可以对数据进行统计、分组和重新排序查询结果。

SELECT 语句的语法格式：

```
SELECT [ALL | DISTINCT]  输出列表达式, ...
[FROM  表名1 [ , 表名2] …]
[WHERE 条件]
[GROUP BY {列名 | 表达式 | 列编号}
           [ASC | DESC], ...]
[HAVING 条件]
[ORDER BY {列名 | 表达式 | 列编号}
           [ASC | DESC] , ...]
[LIMIT {[偏移量,] 行数|行数 OFFSET 偏移量}]
```

说明：语句中“[ ]”内为可选项。{ | }表示二选一。

SELECT 语句中的 FROM 子句表示可以从表中或视图查询数据，可查询表中所有列或部分列。WHERE 子句用来限定查询条件或多表查询时表与表之间的连接条件。GROUP BY 子句用来实现分组查询。HAVING 子句限定分组条件。ORDER BY 子句重新排序查询结果，可升序或降序。LIMIT 子句用来显示具有偏移量的给定行数的数据行。

微课
单表查询

任务 2.1 单表查询

单表查询指查询的数据都来自同一个表。

查询表中所有数据

在选择列表中使用星号（*），可从 FROM 子句中指定的表或视图中查询并返回全部数据（所有行、所有列）。如果在选择列表中给出指定列，则只查询并返回指定列的那些数据行。

【问题 2.1】从 course（课程表）中查询所有课程的信息。

在 SQL 编辑器中执行如下语句：

```
USE xk;
SELECT *
FROM course;
```

查询表中所有行部分列数据

【问题 2.2】查询 course（课程表）中的课程编号、课程名称、教师、上课时间、限制选课人数和报名人数。

在 SQL 编辑器中执行如下语句：

```
USE xk;
SELECT CouNo ,CouName ,Teacher,SchoolTime,LimitNum , WillNum
FROM course;
```

定义列别名

当希望查询结果中的列名使用自己选择的列标题时，可以在列名之后使用 AS 子句来更改查询结果的列名。更改后的列标题中如含有空格，必须使用引号将标题括起来。注意，更改列标题并没有改变表中的列名。

【注意】在输入 SQL 语句时，要注意标点符号（如单引号、逗号等）一定要在英文状态下输入。

【问题 2.3】查询 course（课程表）中的课程编号、课程名称、教师、上课时间、限制选课人数和报名人数。修改列标题为汉字。

在 SQL 编辑器中执行如下语句：

```
USE xk;
SELECT CouNo AS 课程编号, CouName AS 课程名称, Teacher AS 教师,
SchoolTime AS 上课时间, LimitNum AS 限制选课人数, WillNum AS 报名人数
FROM course;
```

消去查询结果的重复行

将 DISTINCT 写在 SELECT 列表的所有列名的前面，可消除重复行。

【问题 2.4】从 course（课程表）中查询有哪些类别的课程。

在 SQL 编辑器中执行如下语句：

```
USE xk;
SELECT Kind AS 课程类别
FROM course;
```

查询结果中出现很多重复行。在列名 Kind 前加上关键字 DISTINCT，则消除了 Kind 值重复的那些数据行。

```
SELECT DISTINCT Kind AS '课程类别' FROM course;
```

【问题 2.5】从 course（课程表）中查询课程类别、学分。

在 SQL 编辑器中执行如下语句：

```
USE xk;
SELECT Kind AS 课程类别,Credit AS 学分
FROM course;
--消除 Kind 列值和 Credit 列值都相同的那些重复行
SELECT DISTINCT Kind AS 课程类别,Credit AS 学分
FROM course;
```

返回查询结果的部分行

使用 LIMIT 子句可以返回查询结果的前 *n* 行数据或给定行的所有列数据。如果在 SELECT 语句中包括有排序子句 ORDER BY 子句（请见本单元后面部分），则首先对查询结果按照排序要求进行排序，然后再从排序后的结果中返回前 *n* 行或部分数据行。

【问题 2.6】查询 student（学生表）的前 6 个学生信息。

在 SQL 编辑器中执行如下语句：

```
USE xk;
SELECT *
FROM student LIMIT 6;
```

【问题 2.7】从 student（学生表）中查询第 7 个开始的 10 个学生的信息。

在 SQL 编辑器中执行如下语句：

```
USE xk;
SELECT *
FROM student LIMIT 6,10;
```

WHERE 子句与运算符

可以使用 WHERE 子句限制查询数据行。条件表达式可由一个或多个逻辑表达式组成，查询结果为满足条件表达式的那些数据行。

【注意】不允许在 WHERE 子句中使用列别名。

【问题 2.8】查询学号为“00000001”同学的姓名和班级编号。

在 SQL 编辑器中执行如下语句：

```
USE xk;
SELECT StuName,classNo
FROM student
WHERE StuNo='00000001';
```

使用逻辑运算符可以将多个查询条件连接起来。MySQL 逻辑运算符有

AND 或&&（逻辑与）、OR 或||（逻辑或）、NOT 或！（逻辑非）、XOR（异或）。

- AND（逻辑与）：当给出的所有查询条件都为真时，则结果为 TRUE（值为 1），否则为 FALSE（值为 0）。
- OR（逻辑或）：当给出的所有查询条件中只要有一个查询条件为真，则结果为 TRUE（值为 1）。
- NOT（逻辑非）：对其后的表达式进行否定处理，真值则为假，假值则为真。
- XOR（异或）：只有当一个表达式的值为真，另一个表达式值为假且不为 NULL 时，那么结果则为真，否则值为假。

使用逻辑运算符的实例请见表 2-1。

表 2-1　逻辑运算符的例子

例　子	描　述
SELECT * FROM course WHERE Kind='信息技术' AND Credit=2;	显示既满足 Kind='信息技术'条件，又满足 Credit=2 条件的那些数据行
SELECT * FROM course WHERE Kind='信息技术' OR Credit=2;	显示满足 Kind='信息技术'条件或者满足 Credit=2 条件的那些数据行
SELECT * FROM course WHERE Kind='信息技术' OR NOT Credit=2;	显示满足 Kind='信息技术'条件或者满足 Credit 不等于 2 的那些数据行
SELECT 5>3 XOR 4<1;	5>3 为真，4<1 为假，所以结果为真（1）

可以使用算术运算符进行数学运算。算术运算符有+（加）、-（减）、*（乘）、/或 DIV（除）、%或 MOD（求余）。除数为 0 时，DIV 和 MOD 的运算结果为 NULL。

【问题 2.9】使用 SQL 语句显示 5 与 6 的和、差、积、商、余数。

在 SQL 编辑器中执行如下语句：

```
SELECT 5+6 加,5-6 减,5*6 乘,5/6 除,5%6 余数;
```

比较运算符（也称为关系运算符）用来比较值，结果为逻辑值。比较结果为真时值为 1，比较结果为假时值为 0，比较结果值不确定时值为 NULL。表 2-2 列出了比较运算符。

表 2-2　比较运算符一览表

运算符	描述	运算符	表达式的形式	描述
=	等于	IS NULL	Teacher IS NULL	Teacher 列值是否等于 NULL
>	大于	IS NOT NULL	Teacher IS NOT NULL	Teacher 列值不等于 NULL
<	小于	BETWEEN AND	WillNum Between 15 AND 25	WillNum 列值是否在 15 到 25 范围内

续表

运算符	描述	运算符	表达式的形式	描述
>=	大于等于	IN	Credit IN(1,2,3)	学分列取值是否是 3 个值中的一个
<=	小于等于	LIKE	StuName LIKE ‘张%’	学生是否姓’张’
<>、!=	不等于			
<=>	相等或都等于空			

使用比较运算符的 WHERE 子句的例子请见表 2-3。

表 2-3　比较运算符的例子

例　　子	描　　述
SELECT * FROM course WHERE WillNum<15;	从 course 表中查看 WillNum（报名人数）少于 15 人的课程信息
SELECT * FROM course WHERE WillNum>=15 AND WillNum<=25;	从 course 表中查看 WillNum（报名人数）少于等于 25 人并且多于等于 15 人的课程信息。
SELECT * FROM course WHERE WillNum>25 OR WillNum<15;	从 course 表中查看 WillNum（报名人数）多于 25 人，或者少于 15 人的课程信息
SELECT 5>3;	返回 5>3 的值

使用 BETWEEN、IN 运算符限定查询数据的范围。

【问题 2.10】查询报名人数小于等于 25 并且大于等于 15 人的课程信息。

在 SQL 编辑器中执行如下语句：

```
USE xk;
SELECT *
FROM course
WHERE WillNum BETWEEN 15 AND 25;
```

【注意】WHERE 子句中 WillNum 列的数据类型必须与 BETWEEN 运算符中给出的值数据类型相同。

【问题 2.11】查询报名人数多于 25 人或者少于 15 人的课程信息。

在 SQL 编辑器中执行如下语句：

```
USE xk;
SELECT *
FROM course
WHERE WillNum NOT BETWEEN 15 AND 25;
```

【问题 2.12】查询课程编号为“004”“007”“013”的课程信息。

在 SQL 编辑器中执行如下语句：

```
USE xk;
SELECT *
```

```
    FROM course
    WHERE CouNo IN('004','007','013');
```

【问题 2.13】查询课程编号不为“004”“007”“013”的课程编号和课程名称。

在 SQL 编辑器中执行如下语句：

```
USE xk;
SELECT CouNo,CouName
FROM course
WHERE CouNo NOT IN('004','007','013');
```

位运算符用来对二进制数进行运算。位运算符会先将操作数转为二进制，然后进行按位运算，最后再将计算结果从二进制转为十进制数。MySQL 支持 6 种位运算符，分别为：按位与、按位或、按位取反、按位异或、按位左移和按位右移，见表 2-4。

表 2-4 位 运 算 符

<table>
<tr><th>运 算 符</th><th>表达式形式</th><th>描 述</th></tr>
<tr><td>&</td><td>表达式 1 & 表达式 2</td><td>按位与</td></tr>
<tr><td>|</td><td>表达式 1 | 表达式 2</td><td>按位或</td></tr>
<tr><td>~</td><td>~ 表达式 1</td><td>按位取反</td></tr>
<tr><td>^</td><td>表达式 1 ^ 表达式 2</td><td>按位异或</td></tr>
<tr><td><<</td><td>表达式 1 << m</td><td>按位左移 m 位</td></tr>
<tr><td>>></td><td>表达式 1 >> n</td><td>按位右移 n 位</td></tr>
</table>

【问题 2.14】分别显示 3 和 6 的二进制数，以及这两个数按位与的结果。

在 SQL 编辑器中执行如下语句：

```
SELECT BIN(3) AS '3 的二进制数', BIN(6) AS '6 的二进制数',3&6,BIN(3&6)
AS '3&6 的二进制数';
```

运行结果如图 2-1 所示。

3的二进制数	6的二进制数	3&6	3&6的二进制数
11	110	2	10

图 2-1 3 和 6 按位与的结果

【问题 2.15】分别显示 3、6 和 7 的二进制数，以及这三个数按位或的结果。

在 SQL 编辑器中执行如下语句：

```
SELECT BIN(3) AS '3 的二进制数', BIN(6) AS '6 的二进制数',BIN(7) AS
'7 的二进制数',3|6|7,BIN(3|6|7) AS '3|6|7 的二进制数';
```

运行结果如图 2-2 所示。

<table>
<tr><th>3的二进制数</th><th>6的二进制数</th><th>7的二进制数</th><th>3|6|7</th><th>3|6|7的二进制数</th></tr>
<tr><td>11</td><td>110</td><td>111</td><td>7</td><td>111</td></tr>
</table>

图 2-2　3、6 和 7 按位或的结果

【问题 2.16】显示 6 的按位取反结果。

在 SQL 编辑器中执行如下语句：

```
SELECT BIN(6) AS '6的二进制数', ~6, BIN(~6) AS '~6的二进制数';
```

运行结果如图 2-3 所示。

6的二进制数	~6	~6的二进制数
110	18446744073709551609	11111111111111

图 2-3　6 按位取反的结果

【问题 2.17】显示 3 和 6 按位异或的结果。

在 SQL 编辑器中执行如下语句：

```
SELECT BIN(3) AS '3的二进制数', BIN(6) AS '6的二进制数',3^6,BIN(3^6) AS '3^6的二进制数';
```

运行结果如图 2-4 所示。

3的二进制数	6的二进制数	3^6	3^6的二进制数
11	110	5	101

图 2-4　3 和 6 按位异或的结果

【问题 2.18】显示 7 按位左移 2 位的结果。

在 SQL 编辑器中执行如下语句：

```
SELECT BIN(7) AS '7的二进制数', 7<<2, BIN(7<<2) AS '7<<2的二进制数';
```

运行结果如图 2-5 所示。

7的二进制数	7<<2	7<<2的二进制数
111	28	11100

图 2-5　将 7 按位左移 2 位的结果

【问题 2.19】显示 7 按位右移 2 位的结果。

在 SQL 编辑器中执行如下语句：

```
SELECT BIN(7) AS '7的二进制数', 7>>2, BIN(7>>2) AS '7>>2的二进制数';
```

运行结果如图 2-6 所示。

7的二进制数	7>>2	7>>2的二进制数
111	1	1

图 2-6　将 7 按位右移 2 位的结果

运算符运算的优先顺序请见表 2-5。表中的优先级由上到下，同一行中的优先级相同，优先级相同时，表达式的计算按照由左到右的顺序运算。在实际应用中，可以使用“( )”将优先的内容括起来，这样更简单。

表 2-5　运算符的优先级

<table>
<tr><th>优先级（由高到低）</th><th>运　算　符</th></tr>
<tr><td>1</td><td>!</td></tr>
<tr><td>2</td><td>~</td></tr>
<tr><td>3</td><td>^</td></tr>
<tr><td>4</td><td>*、/、DIV、%、MOD</td></tr>
<tr><td>5</td><td>+、-</td></tr>
<tr><td>6</td><td>>>、<<</td></tr>
<tr><td>7</td><td>&</td></tr>
<tr><td>8</td><td>|</td></tr>
<tr><td>9</td><td>=、<=>、<、<=、>、>=、!=、<>、IN、IS NULL、LIKE、</td></tr>
<tr><td>10</td><td>BETWEEN AND、CASE、WHEN、THEN、ELSE</td></tr>
<tr><td>11</td><td>NOT</td></tr>
<tr><td>12</td><td>&&、AND</td></tr>
<tr><td>13</td><td>||、OR 、XOR</td></tr>
</table>

表达式作为查询列

SELECT 子句中的列也可以是算术表达式。

【问题 2.20】查询课程表（course）的课程信息、报名人数与限选人数之比。

将报名人数(WillNum)与限选人数(LimitNum)之比写为：WillNum/LimitNum。

在 SQL 编辑器中执行如下语句：

```
USE xk;
SELECT *,WillNum/LimitNum AS 'WillNum/LimitNum'
FROM course;
```

重新排序查询结果

使用 ORDER BY 子句可以重新排序查询结果，可升序（从低到高）排序，也可降序（从高到低）排序。在要排序的列名后使用关键字 ASC，则指明为升序；使用 DESC，则指明为降序。如果省略 ASC 或 DESC，则系统默认为按升序排序。

在 ORDER BY 子句中可以指定多个列，它表明查询结果首先按第 1 列的值进行排序，当第 1 列的值相同时，再按照第 2 列进行排序……，ORDER BY 子句写在 WHERE 子句之后。在 ORDER BY 子句中可以使用列别名。

【问题 2.21】查询课程信息，查询结果按报名人数升序排序。

在 SQL 编辑器中执行如下语句：

```
USE xk;
SELECT *
FROM course
ORDER BY WillNum;
```

【问题 2.22】查询课程表（course）的教师名、课程编号、课程名和学分，查询结果按学分降序排序，当学分相同时按照课程编号升序排序。

在 SQL 编辑器中执行如下语句：

```
USE xk;
SELECT Teacher AS 教师名,CouNo AS 课程编号,CouName AS 课程名,Credit
AS 学分
FROM course
ORDER BY Credit DESC,CouNo;
```

执行结果如图 2-7 所示。

教师名	课程编号	课程名	学分
徐人凤	001	SQL Server实用技术	3.0
范敬丽	010	中级电工理论	3.0
曾建华	008	ASP.NET应用	2.5
程伟彬	002	JAVA技术的开发应用	2.0
李涛	003	网络信息检索原理与技术	2.0
郑星	004	Linux操作系统	2.0
李韵婷	005	Premiere6.0影视制作	2.0
陈子仪	006	Director动画电影设计与制作	2.0
李兰	007	Delphi初级程序员	2.0
叶艳茵	009	水资源利用管理与保护	2.0
林泉	011	中外建筑欣赏	2.0
王娜	012	智能建筑	2.0
黄强	013	房地产漫谈	2.0
杨国润	015	民俗风情旅游	2.0
黄文昌	016	旅行社经营管理	2.0
盛德文	017	世界旅游	2.0
卢萍	018	中餐菜肴制作	2.0
李力	019	电子出版概论	2.0
顾苑玲	014	科技与探索	1.5

图 2-7 在 ORDER BY 中指明多列排序的结果

替换查询结果中的列值

使用 SELECT 语句查询时，可以使用 CASE 子句替换查询结果的列值。

【问题 2.23】在课程表中查询课程名和学分值。如果学分为 1，显示“每两周上 2 节课”；如果学分为 1.5，显示“每两周上 3 节课”；如果学分为 2，显示“每周上 2 节课”；如果学分为 3，显示“每周上 3 节课”；否则，显示“待安排”。

在 SQL 编辑器中执行如下语句：

```
USE xk;
SELECT CouName,
        CASE
            WHEN Credit=1 THEN '每两周上 2 节课'
            WHEN Credit=1.5 THEN '每两周上 3 节课'
            WHEN Credit=2 THEN '每周上 2 节课'
            WHEN Credit=3 THEN '每周上 3 节课'
            ELSE '待安排'
        END AS 上课安排
FROM course;
```

程序执行结果如图 2-8 所示。

CouName	上课安排
SQL Server实用技术	每周上3节课
JAVA技术的开发应用	每周上2节课
网络信息检索原理与技术	每周上2节课
Linux操作系统	每周上2节课
Premiere6.0影视制作	每周上2节课
Director动画电影设计与制作	每周上2节课
Delphi初级程序员	每周上2节课
ASP.NET应用	待安排
水资源利用管理与保护	每周上2节课
中级电工理论	每周上3节课
中外建筑欣赏	每周上2节课
智能建筑	每周上2节课
房地产漫谈	每周上2节课
科技与探索	每两周上3节课
民俗风情旅游	每周上2节课
旅行社经营管理	每周上2节课
世界旅游	每周上2节课
中餐菜肴制作	每周上2节课
电子出版概论	每周上2节课

图 2-8 替换学分列值后的查询结果

使用 LIKE 模糊查询

使用 LIKE 运算符可以实现对所需要信息的模糊查询，需要与通配符配合使用，用来判断字符型数据、日期时间型数据是否与给定的字符串相匹配。在 MySQL 中常用的通配符有 2 个：_（下划线）和%。_（下划线）表示匹配单个字符。%表示匹配 0 个或多个字符。

当要匹配的字符串中含有通配符_或%时，必须在该字符前使用转义字符将其转义为它要匹配的字符。使用关键字 ESCAPE 将字符进行转义。

【问题 2.24】在课程表中查询周二有哪些选修课，要求按上课时间升序排序查询结果。

在 SQL 编辑器中执行如下语句：

```
USE xk;
SELECT *
FROM course
WHERE SchoolTime LIKE '周二%' ORDER BY SchoolTime;
```

【问题 2.25】在课程表中查询课程名中第 2 个字为“行”的课程信息。

在 SQL 编辑器中执行如下语句：

```
USE xk;
SELECT *
FROM course
WHERE CouName LIKE '_行%';
```

【问题 2.26】在课程表中查询课程名中包含有_（下划线）的课程信息。

在 SQL 编辑器中执行如下语句：

```
USE xk;
SELECT *
FROM course
WHERE CouName LIKE '%#_%' ESCAPE '#';
```

因课程表中无课程名中含有_的课程，所以查询结果为空。可修改课程名自己验证。该题使用 ESCAPE '#'定义'#'为转义字符，这样字符'#'后面的“_”就失去了通配符的意义，被视作正常的下划线“_”。

查询指定列未输入值的数据行

指定列未输入值意味要判断指定列的值是否为 NULL 值。NULL 值（空值）不等于零（0）、空格或零长度的字符串，它意味着没有输入，通常表明值是未知的或未定义的。例如，当 stucou 表中 RandomNum（随机数）列为空时，指该列未知或尚未确定。

查询 RandomNum 列为空可写为：WHERE RandomNum IS NULL。

【问题 2.27】查询 stucou 表中随机数为 NULL（空）的课程信息。

在 SQL 编辑器中执行如下语句：

```
USE xk;
SELECT *
FROM stucou
WHERE RandomNum IS NULL;
```

而查询 stucou 表中随机数不为 NULL 的课程信息，则可以写为：

```
USE xk;
```

```
SELECT *
FROM stucou
WHERE RandomNum IS NOT NULL;
```

任务 2.2 统计汇总与分组查询

微课
统计汇总与分组查询

统计函数（聚合函数）可对一组值进行计算并返回单个值。计算包括对一组值求和、给出最大值、最小值和平均值，也包括统计行数。统计函数通常与 SELECT 语句子句一起使用。表 2-6 列出了 MySQL 常用的聚合函数及其功能。

表 2-6 MySQL 常用的聚合函数及其功能

聚合函数	功能及举例
SUM ([ALL|DISTINCT]expression)	计算一组数据的和。例：计算课程总学分。 USE xk; SELECT SUM(Credit) FROM course; SELECT SUM(ALL Credit) FROM course; SELECT SUM(DISTINCT Credit) FROM course; 消除重复学分后的和
MIN ([ALL|DISTINCT]expression)	给出一组数据的最小值。例：查看课程最小学分。 SELECT MIN(Credit) FROM course;
MAX ([ALL|DISTINCT]expression)	给出一组数据的最大值。例：查看课程最大学分。 SELECT MAX(Credit) FROM course;
COUNT ({[ALL|DISTINCT]expression }|*)	统计总行数。COUNT(*)表示给出总行数，包括含有空值的行。COUNT(expression)表示统计 expression 值不为空的那些行。 例：统计学生数。 SELECT COUNT(*) FROM student; 统计 StuNo 值不为空的总行数。 SELECT COUNT(StuNo) FROM student;
AVG ([ALL|DISTINCT]expression)	计算一组值的平均值。例：计算平均学分。 SELECT AVG(Credit) FROM course;

说明：默认选项为 ALL，指计算所有的值；DISTINCT 则去掉重复值。

【问题 2.28】统计课程表（course）中共有多少门选修课。

在 SQL 编辑器中执行如下语句：

```
USE xk;
SELECT COUNT(*) AS 课程表中选修课程门数
FROM course;
```

【问题 2.29】查看课程表（course）中能提供多少人选修课程。

在 SQL 编辑器中执行如下语句：

```
USE xk;
SELECT SUM(LimitNum) AS 可供选课人数
```

```
FROM course;
```

【问题 2.30】查看课程表（course）中最少报名人数、最多报名人数和平均报名人数。

在 SQL 编辑器中执行如下语句：

```
USE xk;
SELECT MIN(WillNum)AS 最少报名人数,MAX(WillNum) AS 最多报名人数,AVG(WillNum) AS 平均报名人数
FROM course;
```

将平均报名人数只保留小数点后面两位：

```
SELECT MIN(WillNum)AS 最少报名人数,MAX(WillNum) AS 最多报名人数,CAST(AVG(WillNum) AS DECIMAL(5,2)) AS 平均报名人数
FROM course;
```

GROUP BY 子句主要用于根据列对行进行分组。例如，根据学生的班级对学生表中的所有数据行分组，结果是每个班级的学生成为一组。

GROUP BY 可以根据一个或多个列进行分组，也可以根据表达式进行分组，经常和统计函数一起使用。GROUP BY WITH ROLLUP 子句会在查询结果中增加一汇总行。

HAVING 子句用于对分组后的数据进行条件限定，写在 GROUP BY 子句之后。在 HAVING 子句中允许使用聚合函数。在 WHERE 子句中不能使用聚合函数。

【问题 2.31】按课程类别分组统计各类课程的门数。

在 SQL 编辑器中执行如下语句：

```
USE xk;
SELECT Kind AS 课程类别,COUNT(Kind) AS 课程门数
FROM course
GROUP BY Kind;
```

程序运行结果如图 2-9 所示。

课程类别	课程门数
人文	5
信息技术	8
工程技术	4
管理	2

图 2-9 按课程类别显示课程门数

【问题 2.32】按课程类别分组统计各类课程的门数，并给出课程总门数。

在 SQL 编辑器中执行如下语句：

```
USE xk;
SELECT Kind AS 课程类别,COUNT(Kind) AS 课程门数
```

```
FROM course
GROUP BY Kind WITH ROLLUP;
```

程序运行结果如图 2-10 所示。

课程类别	课程门数
人文	5
信息技术	8
工程技术	4
管理	2
	19

图 2-10　按课程类别显示课程门数和课程总门数

【问题 2.33】查看报名人数大于 15 的各类课程的最少报名人数和最多报名人数。

在 SQL 编辑器中执行如下语句：

```
USE xk;
SELECT Kind AS 课程类别,MIN(WillNum) AS 最少报名人数, MAX(WillNum)
AS 最多报名人数
FROM course
WHERE WillNum>15
GROUP BY Kind;
```

程序运行结果如图 2-11 所示。

课程类别	最少报名人数	最多报名人数
人文	24	66
信息技术	27	45
工程技术	21	31
管理	33	36

图 2-11　按课程类别显示课程报名人数

【问题 2.34】查看报名人数大于 15 并且每组平均报名人数大于 30 的课程类别和各组的平均报名人数。

在 SQL 编辑器中执行如下语句：

```
USE xk;
SELECT Kind AS 课程类别,AVG(WillNum) AS 平均报名人数
FROM course
WHERE WillNum>15
GROUP BY Kind
HAVING AVG(WillNum)>30;
```

程序运行结果如图 2-12 所示。

课程类别	平均报名人数
人文	36.0000
信息技术	33.2500
管理	34.5000

图 2-12　按课程类别显示满足条件的课程平均报名人数

【问题 2.35】按照学号分组显示选课状态为“报名”的学生选课门数。查询结果按照学号升序排序。

在 SQL 编辑器中执行如下语句：

```
USE xk;
SELECT StuNo,Count(StuNo)  AS 选课门数
FROM stucou WHERE State='报名'
GROUP BY StuNo
ORDER BY StuNo;
```

执行结果如图 2-13 所示。

StuNo	选课门数
00000001	5
00000002	4
00000003	3
00000004	3
00000005	3
00000006	4
00000007	3
00000008	2
00000009	3
00000010	3
00000011	4
00000012	3
00000013	5
00000014	3
00000015	4
00000016	3
00000017	3
00000018	5

图 2-13 每位学生报名的选课门数

任务 2.3 使用子查询

在查询条件中，可以使用另一个查询的结果作为限制条件的一部分。例如，查询报名人数是否高于平均报名人数等。作为查询条件一部分的查询称为子查询。SQL 标准允许 SELECT 多层嵌套使用，用来进行复杂的查询。子查询除了可以用在 SELECT 语句中，还可以用在 INSERT、UPDATE 及 DELETE 语句中。子查询通常与 IN、EXISTS 及比较运算符结合使用。

【问题 2.36】查询报名人数大于平均报名人数的课程信息。

在 SQL 编辑器中执行如下语句：

```
USE xk;
SELECT  *
FROM course
```

```
WHERE WillNum>(SELECT AVG(WillNum) FROM course);
```

执行结果如图 2-14 所示。

CouNo	CouName	Kind	Credit	Teacher	DepartNo	SchoolTime	LimitNum	WillNum	ChooseNum
001	SQL Server实用技术	信息技术	3.0	徐人凤	01	周二5-6节	20	43	0
002	JAVA技术的开发应用	信息技术	2.0	程伟彬	01	周二5-6节	10	34	0
004	Linux操作系统	信息技术	2.0	郑星	01	周二5-6节	10	33	0
008	ASP.NET应用	信息技术	2.5	曾建华	01	周二5-6节	10	45	0
013	房地产漫谈	人文	2.0	黄强	02	周二5-6节	10	36	0
015	民俗风情旅游	管理	2.0	杨国润	03	周二5-6节	20	33	0
016	旅行社经营管理	管理	2.0	黄文昌	03	周二5-6节	20	36	0
018	中餐菜肴制作	人文	2.0	卢萍	03	周二5-6节	5	66	0

图 2-14 报名人数大于平均报名人数的查询结果

【问题 2.37】查询学生选课表（stucou）中报名状态为“报名”的课程名。

报名状态为“报名”的课程有多个，所以限定条件 WHERE 子句中使用列表运算符 IN。

在 SQL 编辑器中执行如下语句：

```
USE xk;
SELECT CouName AS '课程名称'
FROM course
WHERE CouNo IN(SELECT CouNo FROM stucou WHERE State='报名');
```

【问题 2.38】查询已经报名选修课程的学生信息，要求显示学号和姓名。使用带有 EXISTS 子句的子查询。EXISTS 子句的值为真或为假。该题只显示 EXISTS 子句值为真的学生信息（学号和姓名）。

在 SQL 编辑器中执行如下语句：

```
USE xk;
SELECT StuNo,StuName
FROM student
WHERE EXISTS (SELECT StuNo FROM stucou
         WHERE StuNo=student.StuNo AND State='报名');
```

执行结果如图 2-15 所示。

StuNo	StuName
00000001	林斌
00000002	彭少帆
00000003	曾敏馨
00000004	张晶晶
00000005	曹业成
00000006	甘蕾
00000007	凌晓文
00000008	梁亮
00000009	陈燕珊
00000010	韩霞
00000011	朱川
00000012	杜晓静

图 2-15 带有 EXISTS 子句的子查询的执行结果

任务 2.4 多表查询

微课
多表查询

查询学生的学号、姓名和该学生选修的课程号、课程名及报名状态，需要从学生表、课程表和学生选课表中查询，才能得到所需要的数据。这样的查询为多表查询。

从多个表查询数据需要建立起表与表之间的连接。连接类型有交叉连接、内连接和外连接。内连接有相等连接、自然连接、比较连接和自连接。外连接有左外连接、右外连接和全连接。

1. 交叉连接查询

使用 CROSS JOIN 子句将表连接起来的查询，输出结果为笛卡儿积。两个表间交叉连接结果，为第 1 个表（有 *m* 行）的每一行与第 2 个表（有 *n* 行）中的每一行依次进行连接。两个表交叉连接结果的行数等于两个表行数的乘积，列数是两个表的列数之和。

【问题 2.39】查询学生表（student）和班级表（class）的信息（使用交叉连接查询）。

在 SQL 编辑器中执行如下语句：

```
USE xk;
SELECT *
FROM class CROSS JOIN student;
```

执行结果如图 2-16 所示。class 表有 18 行、3 列，student 表有 180 行、5 列，交叉连接结果行数为 3 240，列数为 8 列。前 3 列为 class 表的列，后 5 列为 student 表的列。

ClassNo	ClassName	DepartNo	StuNo	StuName	ClassNo	Pwd	photo
20000001	00电子商务	01	00000001	林斌	20000001	47FE680E	<NULL>
20000002	00多媒体	01	00000001	林斌	20000001	47FE680E	<NULL>
20000003	00数据库	01	00000001	林斌	20000001	47FE680E	<NULL>
20000004	00建筑管理	02	00000001	林斌	20000001	47FE680E	<NULL>
20000005	00建筑电气	02	00000001	林斌	20000001	47FE680E	<NULL>
20000006	00旅游管理	03	00000001	林斌	20000001	47FE680E	<NULL>
20010001	01电子商务	01	00000001	林斌	20000001	47FE680E	<NULL>
20010002	01多媒体	01	00000001	林斌	20000001	47FE680E	<NULL>
20010003	01数据库	01	00000001	林斌	20000001	47FE680E	<NULL>
20010004	01建筑管理	02	00000001	林斌	20000001	47FE680E	<NULL>
20010005	01建筑电气	02	00000001	林斌	20000001	47FE680E	<NULL>
20010006	01旅游管理	03	00000001	林斌	20000001	47FE680E	<NULL>
20020001	02电子商务	01	00000001	林斌	20000001	47FE680E	<NULL>
20020002	02多媒体	01	00000001	林斌	20000001	47FE680E	<NULL>
20020003	02数据库	01	00000001	林斌	20000001	47FE680E	<NULL>
20020004	02建筑管理	02	00000001	林斌	20000001	47FE680E	<NULL>
20020005	02建筑电气	02	00000001	林斌	20000001	47FE680E	<NULL>
20020006	02旅游管理	03	00000001	林斌	20000001	47FE680E	<NULL>
20000001	00电子商务	01	00000002	彭少帆	20000001	A946EF8C	<NULL>
20000002	00多媒体	01	00000002	彭少帆	20000001	A946EF8C	<NULL>
20000003	00数据库	01	00000002	彭少帆	20000001	A946EF8C	<NULL>
20000004	00建筑管理	02	00000002	彭少帆	20000001	A946EF8C	<NULL>

图 2-16 交叉连接查询的结果

从执行结果可以看到，第 2～18 行、第 20～36 行都是无意义的数据。这样无意义的数据行还有很多，读者可以自己找出来。为什么是无意义的数据行？我们从第 2 行看到，林斌在 class 表中 classNo 列值为“20000002”（00 多媒体），而在 student 表中 classNo 列值为“20000001”（00 电子商务），很显然是矛盾的，所以数据无意义。

而第 1 行的数据是有意义的。class 表中的 classNo 值为“20000001”，而在 student 表中 classNo 值也是“20000001”。该数据表明，林斌是班级编号为“20000001”、班级名称为“00 电子商务”的学生。在该行数据中，class 表的 classNo 与 student 表的 classNo 值相等，即 class.classNo=student.classNo。

从查询结果中看到，class.classNo=student.classNo 的那些数据行都是有意义的，而 class.classNo<>student.classNo 的那些数据行都是无意义的。

又例如，查询所有学生选课情况，要求显示学生基本信息、班级名称和选修课程的情况。从分析知道，本查询是涉及 class、student、stucou 三个表的查询。

在 SQL 编辑器中执行如下语句：

```
USE xk;
SELECT *
FROM class CROSS JOIN student CROSS JOIN stucou;
```

这个查询结果集有 1，921，320 行、13 列，行数是三个表行数的乘积，列数是三个表列数之和。执行 SQL 语句的查询时间因计算机不同会有所区别。如果 3 个表都有上千行数据，查询花费的时间会更长。而查询结果中大量的数据没有任何意义。读者可以在查询结果中找出那些无意义的数据。交叉连接是一种很少使用的连接。

2. 内连接查询

只保留满足连接条件的数据行的连接称为内连接，使用 JOIN 子句或 INNER JOIN 子句连接两个表。

连接条件写为：主表.主键=从表.外键。表与表之间的连接条件要写在 ON 子句中。一般来说，对来自 n 个表（或视图）的查询需要写出 n-1 个连接条件，并使用 AND 运算符连接这些连接条件。

例如，查询班级表（class）和学生表（student）信息，连接条件可写为：ON class.classNo=student.classNo。

（1）相等连接查询

相等连接就是对连接列作相等比较的连接。相等连接的查询结果中存在完全相同的两个列（连接两个表的列）。

【问题 2.40】查询学生基本信息和所在班级信息。

在 SQL 编辑器中执行如下语句：

```
USE xk;
SELECT *
FROM class JOIN student
ON class.classNo=student.classNo;
```

从两个表中查询数据需写出一个连接条件。classsNo 作为连接列，连接 class 表和 student 表，查询数据需要满足 class.classNo=student.classNo 这个连接条件。

从查询结果中看到，有完全相同的两列 classNo，第一个 classNo 来自 class 表，第二个 classNo 来自 student 表。我们可以在查询结果中只保留一列 classNo 即可。

（2）自然连接查询

在相等连接中只保留一个连接列的连接称为自然连接。

【问题 2.41】查看学生基本信息和学生所在班级名称。

查询结果只保留一个连接列，class 表只显示班级名称。

在 SQL 编辑器中执行如下语句：

```
USE xk;
SELECT student.*,className
FROM class JOIN student
ON class.classNo=student.classNo;
```

【问题 2.42】查询学生的选课信息，要求显示学号、姓名、课程编号、课程名称、志愿号，并按照学号升序排序，当学号相同时则按照志愿号升序排序。

在 SQL 编辑器中执行如下语句：

```
USE xk;
SELECT student.StuNo AS 学号,StuName AS 姓名,course.CouNo AS 课程编号,CouName AS 课程名称, WillOrder AS 志愿号
FROM student JOIN stucou
ON student.StuNo= stucou.StuNo
JOIN course
ON stucou.CouNo=course.CouNo
ORDER BY student.StuNo,WillOrder;
```

执行结果如图 2-17 所示。

对多表连接查询时，除了连接条件，还可以包含其它限制查询条件。

【问题 2.43】查询学生报名“计算机应用工程系”开设的选修课情况，显示信息包括学生姓名、课程名称和教师名。

学号	姓名	课程编号	课程名称	志愿号
00000001	林斌	001	SQL Server实用技术	1
00000001	林斌	018	中餐菜肴制作	2
00000001	林斌	003	网络信息检索原理与技术	3
00000001	林斌	002	JAVA技术的开发应用	4
00000001	林斌	017	世界旅游	5
00000002	彭少帆	001	SQL Server实用技术	1
00000002	彭少帆	018	中餐菜肴制作	2
00000002	彭少帆	008	ASP.NET应用	3
00000002	彭少帆	004	Linux操作系统	4
00000003	曾敏馨	009	水资源利用管理与保护	1
00000003	曾敏馨	002	JAVA技术的开发应用	2
00000003	曾敏馨	003	网络信息检索原理与技术	3
00000004	张晶晶	018	中餐菜肴制作	1
00000004	张晶晶	005	Premiere6.0影视制作	2

图 2-17　涉及 3 个表的自然连接查询结果

在 SQL 编辑器中执行如下语句：

```
USE xk;
SELECT StuName AS '学生姓名',CouName AS '课程名称',Teacher AS
'教师'
FROM student JOIN stucou
ON student.StuNo=stucou.StuNo
JOIN course
ON stucou.CouNo=course.CouNo
JOIN department
ON course.DepartNo=department.DepartNo
WHERE DepartName='计算机应用工程系';
```

执行结果如图 2-18 所示。

学生姓名	课程名称	教师
林斌	SQL Server实用技术	徐人凤
彭少帆	SQL Server实用技术	徐人凤
甘蕾	SQL Server实用技术	徐人凤
朱川	SQL Server实用技术	徐人凤
李林	SQL Server实用技术	徐人凤
朱丽	SQL Server实用技术	徐人凤
林斌	JAVA技术的开发应用	程伟彬
曾敏馨	JAVA技术的开发应用	程伟彬
凌晓文	JAVA技术的开发应用	程伟彬
杜晓静	JAVA技术的开发应用	程伟彬
罗飞	JAVA技术的开发应用	程伟彬
陈艳婷	JAVA技术的开发应用	程伟彬
熊华	JAVA技术的开发应用	程伟彬

图 2-18　涉及 4 个表的自然连接并有限制条件的查询

（3）比较连接查询

比较连接就是表与表之间使用比较运算符进行的连接。

【问题 2.44】查询每个班级可以选修的、不是自己所在部门开设的选修课程的信息，包括班级、课程名、课程类别、学分、教师、上课时间和报名人数。

经分析，查询信息来自 class 表和 course 表。两个表之间的连接条件使用比较运算符<>： class.DepartNo<>course.DepartNo。

在 SQL 编辑器中执行如下语句：

```
USE xk;
SELECT className AS 班级,CouName AS 课程名,Kind AS 课程类别,
Credit AS 学分,Teacher AS 教师,SchoolTime AS 上课时间,WillNum AS 报名人数
FROM class JOIN course
ON course.DepartNo<>class.DepartNo;
```

执行结果如图 2-19 所示。

班级	课程名	课程类别	学分	教师	上课时间	报名人数
00建筑管理	SQL Server实用技术	信息技术	3.0	徐人凤	周二5-6节	43
00建筑电气	SQL Server实用技术	信息技术	3.0	徐人凤	周二5-6节	43
00旅游管理	SQL Server实用技术	信息技术	3.0	徐人凤	周二5-6节	43
01建筑管理	SQL Server实用技术	信息技术	3.0	徐人凤	周二5-6节	43
01建筑电气	SQL Server实用技术	信息技术	3.0	徐人凤	周二5-6节	43
01旅游管理	SQL Server实用技术	信息技术	3.0	徐人凤	周二5-6节	43
02建筑管理	SQL Server实用技术	信息技术	3.0	徐人凤	周二5-6节	43
02建筑电气	SQL Server实用技术	信息技术	3.0	徐人凤	周二5-6节	43
02旅游管理	SQL Server实用技术	信息技术	3.0	徐人凤	周二5-6节	43
00建筑管理	JAVA技术的开发应用	信息技术	2.0	程伟彬	周二5-6节	34
00建筑电气	JAVA技术的开发应用	信息技术	2.0	程伟彬	周二5-6节	34
00旅游管理	JAVA技术的开发应用	信息技术	2.0	程伟彬	周二5-6节	34
01建筑管理	JAVA技术的开发应用	信息技术	2.0	程伟彬	周二5-6节	34
01建筑电气	JAVA技术的开发应用	信息技术	2.0	程伟彬	周二5-6节	34

图 2-19 比较连接查询结果

（4）自连接查询

自连接就是一个表和它自身进行连接，是多表连接的特例。

为方便查询时对表列的引用，简化连接条件的书写，可以给表定义别名，其方法为：在 FROM 子句中，先写出要使用的表名，用空格进行分隔，然后给出定义的别名。

例如，FROM class C 则是将 C 定义为 class 表的别名。在 SELECT 子句中对 class 表 classNo 列的引用就可以写为 C.classNo。在同一个数据库中引用的列名唯一时，不需要在列名前写表名或表别名。

在自连接中，要先在 FROM 子句中为表分别定义两个不同的别名，然后使用这两个别名写出一个连接条件。

【问题 2.45】查询课程类别相同但开课部门不同的课程信息，显示课程编号、课程名称、课程类别和部门编号，并按照课程编号升序排序。

查询信息来自 course 表。先给 course 分别定义两个别名 C1、C2：FROM course C1 JOIN course C2。

在 SQL 编辑器中执行如下语句：

```
USE xk;
SELECT C1.CouNo AS 课程编号,C1.CouName AS 课程名称,C1.Kind AS 课程类别,C1.DepartNo AS 部门编号
FROM course C1 JOIN course C2
ON C1.Kind=C2.Kind AND C1.DepartNo<>C2.DepartNo
ORDER BY 课程编号;
```

查询结果中出现许多重复行，需要消除这些重复行。

```
USE xk;
SELECT DISTINCT C1.CouNo AS 课程编号,C1.CouName AS 课程名称, C1.Kind AS 课程类别,C1.DepartNo AS 部门编号
FROM course C1 JOIN course C2
ON C1.Kind=C2.Kind AND C1.DepartNo<>C2.DepartNo
ORDER BY 课程编号;
```

执行结果如图 2-20 所示。

课程编号	课程名称	课程类别	部门编号
009	水资源利用管理与	工程技术	02
010	中级电工理论	工程技术	02
011	中外建筑欣赏	人文	02
012	智能建筑	工程技术	02
013	房地产漫谈	人文	02
014	科技与探索	人文	02
017	世界旅游	人文	03
018	中餐菜肴制作	人文	03
019	电子出版概论	工程技术	03

图 2-20　自连接查询开课信息结果

3. 外连接查询

course 表中有课程编号为“019”的课程“电子出版概论”，报名人数为 0。使用内连接查询所有学生报名选修课程情况时，因“019”的课程无学生报名，查询结果中就不会显示这门课程。

使用外连接查询可解决内连接查询时显示信息不全的问题。外连接分左外连接、右外连接和全连接。

（1）左外连接查询

左外连接查询中的 FROM 子句写为：FROM Table_A　LEFT JOIN Table_B。左外连接用来解决查询时 Table_A 信息不全的问题。

左外连接查询是在两个表进行内连接查询结果的基础上，再增加不满足连接条件的那些行，Table_B 这些行的列值为空（NULL）。

【问题 2.46】使用左外连接查询所有学生报名选修课程的详细情况，要求包括已报名选修课程的学生，也包括未报名选修课程的学生情况，显示内容有学号、课程编号和课程名称。

在 SQL 编辑器中执行如下语句：

```
USE xk;
SELECT course.CouNo,CouName,StuNo
FROM course LEFT OUTER JOIN stucou
ON course.CouNo=stucou.CouNo
ORDER BY CouNo DESC;
```

执行结果如图 2-21 所示。

CouNo	CouName	StuNo
019	电子出版概论	<NULL>
018	中餐菜肴制作	00000001
018	中餐菜肴制作	00000002
018	中餐菜肴制作	00000004
018	中餐菜肴制作	00000005
018	中餐菜肴制作	00000008
018	中餐菜肴制作	00000009
018	中餐菜肴制作	00000010
018	中餐菜肴制作	00000014
018	中餐菜肴制作	00000018

图 2-21 左外连接显示了无人选课的课程“019”

查询结果中已包含无学生报名的“019”课程，无学生选此课，所以该行 stucou 表的学号值为 NULL。

（2）右外连接查询

右外连接查询的 FROM 子句写为：FROM Table_A RIGHT JOIN Table_B。右外连接用来解决查询时 Table_B 信息不全的问题。

右外连接查询是在两个表进行内连接查询结果的基础上，再增加不满足连接条件的那些行，Table_A 的这些行的列值为空（NULL）。

【问题 2.47】使用右外连接查询所有学生报名选修课程的详细情况，要求包括已报名选修课程的学生，也包括未报名选修课程的学生情况，显示内容有学号、课程编号和课程名称。解决查询时 course 表“019”课程信息丢失的问题。

FROM 子句写为：FROM stucou RIGHT JOIN course。

在 SQL 编辑器中执行如下语句：

```
USE xk;
SELECT course.CouNo,CouName,StuNo
FROM stucou RIGHT JOIN course
ON course.CouNo=stucou.CouNo
ORDER BY CouNo DESC;
```

执行结果和图 2-21 一样。course 表中“019”课程无学生选，所以使用右外连接查询时，stucou 的“019”课程的学号值为 NULL。

（3）全连接（本书略）

单元小结

在本单元:

- 会将要使用的数据库切换为当前数据库。
- 会使用星号（*）显示表的全部列所有行。
- 会根据需要改变查询结果的列标题（列别名）。
- 会使用 DISTINCT 消除查询结果的重复数据行。
- 会使用 LIMIT *n*（LIMIT *n*,*m*）返回查询结果的前 *n*（第 *n*+1 行开始的 *m*）行。
- 会使用 WHERE 子句写出限制查询的条件。
- 会将表达式作为查询的列。
- 会使用 ORDER BY 子句按要求重新排序查询结果。
- 会在查询中根据需要使用列表运算符 IN。
- 会在查询中根据需要使用范围运算符 BETWEEN。
- 了解精确查询和模糊查询的区别。会使用 LIKE 及 2 个通配符（%、_）实现模糊查询。
- 会使用 IS NULL 查询指定列未输入值的数据行。
- 会根据需要使用聚合函数（SUM 函数、MAX 函数、MIN 函数、COUNT 函数、AVG 函数）进行统计或汇总。
- 会根据需要分组查询。掌握 GROUP BY 子句、GROUP BY WITH ROLLUP、HAVING 子句的使用。了解 HAVING 子句与 WHERE 子句的区别。
- 会实现子查询。
- 了解笛卡儿积的概念。会实现交叉连接查询。
- 会根据需要实现多表连接查询，写出正确的表与表之间的连接条件。会实现内连接查询中的相等连接查询、自然连接查询、比较连接查询、自连接查询。
- 了解外连接查询要解决的问题。会实现外连接查询中的左外连接查询、右外连接查询。
- 会定义表别名及使用表别名进行查询。

思考与练习

1. 通常情况下，用户登录到 MySQL 时，被自动连接到哪个数据库上？如何将要使用的数据库切换为当前数据库？

2. SELECT 语句的书写格式通常为：

```
SELECT ?
FROM ?
WHERE ?
ORDER BY ?
```

请简述在问号（?）处应填写什么。

实训

使用 xk 数据库，写出查询语句。

1. 查看部门编号为“03”的部门名称。

2. 查看部门名称中包含有“工程”两个字的部门名称。

3. 显示共有多少个部门。

4. 显示“01”年级共有多少个班级。

5. 查看在“周二晚”上课的课程名称和教师。

6. 查看姓“张”“陈”“黄”同学们的基本信息，要求按照姓名降序排序查询结果。

7. 按部门统计课程的平均报名人数，要求显示部门名称、平均报名人数。

8. 统计各个部门的班级数，要求显示部门编号、部门名称和班级数量。

9. 查看“甘蕾”同学选修的课程名称、学分、上课时间、志愿号，并按志愿号（升序）排序查询结果。

10. 查看“00 电子商务”班的选修报名情况。要求显示学号、姓名、课程编号、课程名称、志愿号，并按学号（升序）、志愿号排序（升序）。

11. 按部门统计各系的最少报名人数、最多报名人数、平均报名人数和报名总数，并汇总显示所有部门的报名总数。要求平均报名人数保留两位小数。

单元 3

数据库设计

学习目标

【知识目标】

- 理解实体、属性、属性间联系及联系类型。
- 掌握信息化现实世界的方法，理解实体关系图（E–R 图）。
- 掌握关系模型的概念，掌握规范化关系数据模型的方法。
- 理解数据完整性概念。

【技能目标】

- 会将现实世界的事物和特性抽象为信息世界的实体与属性。
- 会用 E–R 图描述实体、属性与实体间的联系。
- 会将 E–R 图转换为关系数据模型，并规范化到 III 范式。

任务陈述

每学期学生选报选修课程，人工处理烦琐，效率不高，又易出错，因此学校计划开发网上学生选课系统。现在，首先需要建立学生选课的概念数据模型，然后将概念数据模型转换为关系模型，并将关系模型规范到 III 范式。

知识学习

现实世界数据化步骤

在建设某幢高楼前，设计单位的设计师要对建设的建筑物进行设计，绘制出详细、完整的一套建筑设计图，使建设单位、施工单位提前对建筑物竣工后的最终效果有直观的认识，设计单位再根据建设单位的反馈意见修改设计图，以满足建设单位的要求。而不是施工单位先施工，等高楼建筑好后建设部门表示不满意时推倒重来。

对数据库的设计如同建筑高楼一样，在 MySQL 中创建数据库和数据表之前，需要先设计数据库和用户表（称为数据建模），绘出设计图（E-R 图），以便于技术人员与用户进行沟通，然后根据用户的意见或建议及时修改设计图，避免在数据库投入运行后用户再提出修改意见，造成开发成本高，不能按计划完成工作。

微课
数据建模

现实世界中存在的客观事物不能直接进入到计算机中进行处理，必须先将它们数据化。

将现实世界存在的客观事物数据化需要经历：从现实世界到信息世界，再从信息世界到数据世界两个阶段。现实世界、信息世界和数据世界三者之间的关系如图 3-1 所示。

现实世界(事物、事物性质)
↓ 抽象化
信息世界(实体、实体属性) → 概念数据模型 → 用E-R图表示
↓ 数据化
数据世界(行、列) → 关系数据模型 → 表现为二维表

图 3-1 现实世界、信息世界和数据世界之间的关系

首先将现实世界中客观存在的事物及它们所具有的特性抽象为信息世界的

实体和属性，然后使用实体联系（Entity Relationship，E-R）图表示实体、属性、实体之间的联系（即概念数据模型），接着将 E-R 图转换为数据世界中用二维表表示的关系数据模型，最后根据实际情况规范化关系数据模型。

任务 3.1 信息化现实世界

【问题 3.1】将现实世界的学生、课程抽象为信息世界的实体和属性。

首先介绍实体、属性、属性值、实例、实体标识符、联系及联系类型的概念。

实体

现实世界中客观存在的并可相互区别的事物或概念。实体可以是具体的人、事、物，也可以是抽象的概念或联系。实体表示的是一类事物，将其中的一个具体事物称为**实例**。

属性

实体所具有的某种特性。一个实体可以使用许多属性进行描述。属性的具体取值称为**属性值**。

在学校的学生选课系统中，学生、课程都是实体。

学生实体本身有很多属性，如身份证号、学号、性别、出生日期、籍贯、姓名、班级、选课密码等，在学生选课系统中，需要关心的学生实体属性有学号、姓名、班级、选课密码。课程实体属性有课程编号、课程名称、课程类别、学分、教师、部门编号、部门名称、上课时间、限选人数、选课人数等。

在学生实体中，“林斌”是姓名属性的属性值；“MySQL 实用技术”是课程名称属性的属性值。

在课程实体中，“002”“JAVA 技术的开发应用”“信息技术”、2、“程伟彬”“01”“计算机应用工程系”“周二 5-6 节”、40、34 则具体表示了一门课程的完整信息，它是课程实体的一个实例。它表明课程编号为“002”，课程名称为“JAVA 技术的开发应用”，课程类别为“信息技术”，学分为 2，教师为“程伟彬”，……。

实体标识符

唯一标识实体中的每一行的属性或属性的组合。

在一所学校里，学生的学号值唯一，所以学号是学生的实体标识符。当课程的课程编号值为唯一时，课程编号是课程的实体标识符。

联系及联系类型

实体不是孤立存在的，实体间是有着相互联系的。实体间的联系分为 1 对 1（表示为 1 ∶ 1）、1 对多（表示为 1 ∶ n）和多对多（表示为 m ∶ n）联系类型。

经分析，每名学生可以选修多门课程，每门课程可以有多名学生选读，所以课程和学生间的联系是多对多，可用 $m:n$ 表示。用学生选课作为课程、学生间的联系名，它具有志愿号、选课时间、选课状态和成绩四个属性。

任务 3.2 画出实体关系图

【问题 3.2】画出学生选课实体关系图。

实体关系图（E-R 图）

通常使用 E-R 图（或称 E-R 模型）描述现实世界的信息结构。E-R 图有以下几个要素。

（1）矩形：表示实体，矩形内标出实体名。

（2）椭圆：表示实体和联系所具有的属性，椭圆内标出属性名。如果属性较多，为使图形更加简明，也可另外用表格表示实体及属性。

（3）菱形框：表示实体之间的联系，菱形框内标出联系名。

（4）连线：用来在实体与实体属性、联系与联系属性、实体与联系间建立连接。

在问题 3.1 中已分析出学生、课程、学生选课所具有的属性和联系类型。学生选课 E-R 图如图 3-2 所示。

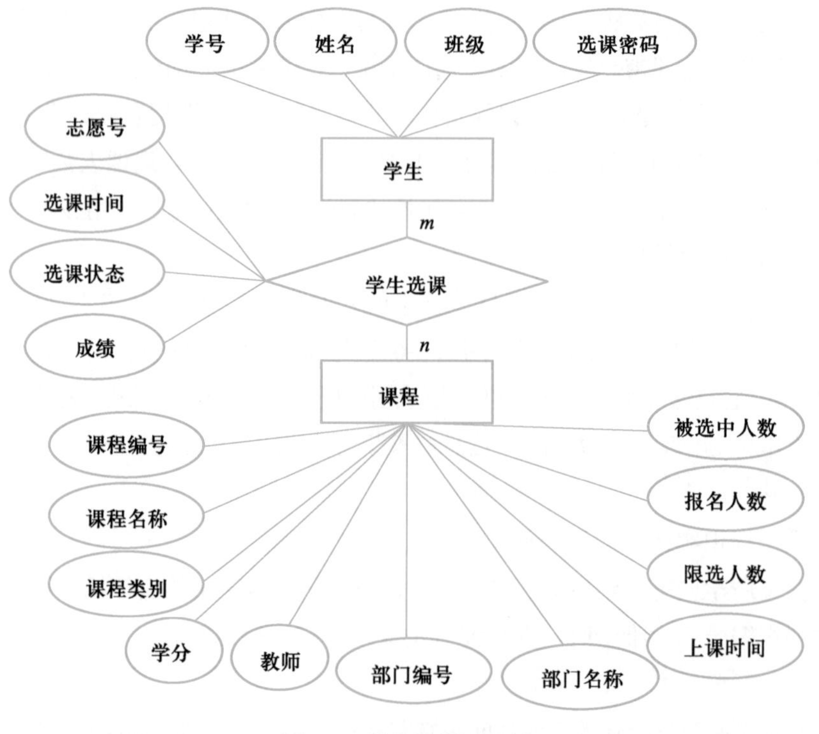

图 3-2 学生选课 E-R 图

【问题 3.3】画出班主任与班级的 E-R 图。

经分析，班主任是实体，班主任具有工号、姓名、职称等属性。班级也是实体，班级具有班级编号、班级名称、班级人数等属性。班主任与班级的联系类型是 1∶1。工号为班主任的实体标识符，班级编号是班级的实体标识符。班主任与班级 E-R 图如图 3-3 所示。

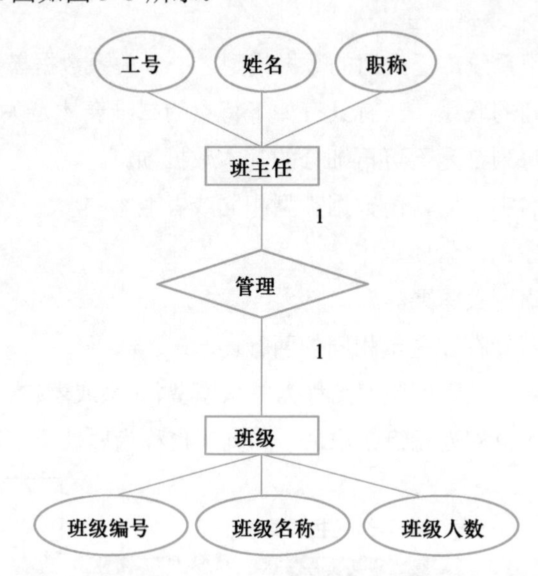

图 3-3　班主任与班级 E-R 图

【问题 3.4】画出班主任与学生 E-R 图。

经分析，班主任管理一个班级，班主任具有工号、姓名、职称和班级名称等属性。班主任管理的班级里学生具有学号、姓名、性别、电话、宿舍等属性。班主任与学生之间的联系类型是 1∶m。学生的学号为实体标识符。班主任与学生 E-R 图如图 3-4 所示。

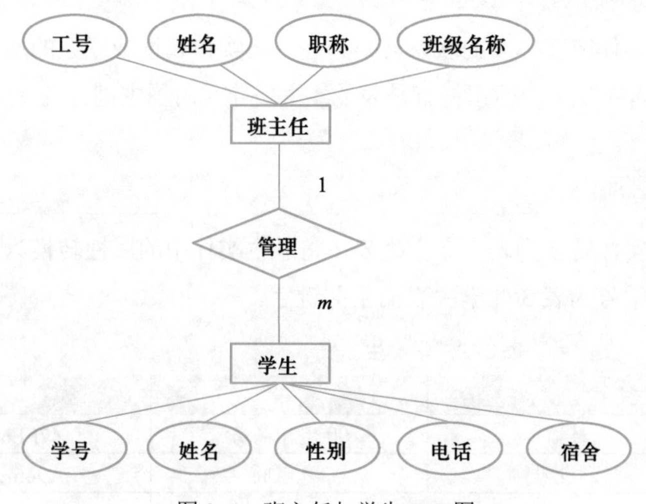

图 3-4　班主任与学生 E-R 图

任务 3.3 将 E-R 图转换为关系数据模型

微课
关系数据模型与规范化

首先理解关系数据模型，然后理解如何将 E-R 图转换为关系数据模型。

关系数据模型

是数据库应用系统广泛采用的数据模型之一。关系数据模型用二维表来表示实体及实体之间的联系。只有具有如下特点的二维表才是关系数据模型。

（1）表中的每列都是不可再细分的基本数据项。

（2）每列的名字不同，但数据类型相同或者兼容。

（3）行的顺序无关紧要。

（4）列的顺序无关紧要。

（5）关系中不能存在完全相同的两行。

很多时候又将关系数据模型简称为关系模型、关系或表（本书后续称为表）。表由表结构、行（也称为元组或记录）和列（也称为属性或字段）所组成，见表 3-1。

表 3-1 学 生 表

表结构，学生表有 4 列

学 号	姓 名	班 级	选课密码
00000001	林斌	00 电子商务	47FE680E
00000002	彭少帆	00 电子商务	A946EF8C
…	…	…	…

从表 3-1 可以看出，学生表结构由 4 列（学号、姓名、班级、选课密码）组成。每行表示一名学生的基本信息，有多少数据行就表明有多少名学生，学生表中不可能出现完全相同的两行数据。

将 E-R 图转换为关系模型

将一个实体或实体间的联系转换为表，将实体属性或联系的属性转换为表中的列。实体或联系的标识符就是表的主关键字（简称主键），它能唯一标识表中的每一行。

【问题 3.5】将图 3-2 所示的学生选课 E-R 图转换为关系数据模型。

将学生实体转换为表 3-2 学生表，将学生实体中的属性转换为表 3-2 学生表中的列，学号为表 3-2 学生表的主关键字。

表 3-2 学 生 表

学 号	姓 名	班 级	选课密码
00000001	林斌	00 电子商务	47FE680E
00000002	彭少帆	00 电商	A946EF8C
00000011	朱川	00 多媒体	19C5653D

将课程实体转换为表 3-3 课程表，将课程实体中的属性转换为课程表中的列，课程编号为主关键字。

表 3-3　课　程　表

课程编号	课程名称	课程类别	学分	教师	部门编号	部门名称	上课时间	限选人数	报名人数	被选中人数
001	MySQL 实用技术	信息技术	3	徐人凤	01	计算机应用工程系	周二 5-6	20	43	20
002	JAVA 技术的开发应用	信息技术	2	程伟斌	01	计算机应用工程系	周二 5-6	40	34	34
011	中外建筑欣赏	人文	2	林泉	02	建筑工程系	周二 5-6 节	20	27	20
012	智能建筑	工程技术	2	王娜	02	建筑工程系	周二 5-6 节	20	35	20

将学生与课程之间的联系_学生选课转换为表 3-4 学生选课表，将学生选课联系的属性转换为表中的列，（学号，课程编号）为该表的主关键字。

【注意】将实体、联系转为表后，表中并无数据。这里填写数据便于读者理解。

表 3-4　学生选课表

学号	姓名	课程编号	课程名称	志愿号	选课时间	选课状态	成绩
00000001	林斌	001	MySQL 实用技术	1		报名	
00000002	彭少帆	002	ASP.NET 应用	3		报名	
00000011	朱川	001		…		…	
…	…	…		…		…	

任务 3.4　规范化关系数据模型

【问题 3.6】规范化表 3-2 学生表、表 3-3 课程表、表 3-4 学生选课表，并将其规范为Ⅲ范式。

关系模型规范化

为消除存储异常，减少数据冗余（即重复），保证数据完整性（指数据的正确性、一致性）和存储效率。一般将关系模型规范为Ⅲ范式。

通过观察和分析，可以看到表 3-2 学生表、表 3-3 课程表和表 3-4 学生选课表存在如下一些问题。

① 数据冗余：课程名称、姓名在两个表中重复出现，存在数据冗余（重复存储）。

② 数据不一致问题：课程名称、姓名在两个表中重复出现，可能会出现数据不一致的情况。如同一门课程可能存在不同名称。在修改数据时，也可能会

出现遗漏，从而可能造成数据不一致。

③ 数据维护难：数据在多个表中重复出现，造成对数据库的维护困难。例如修改学生名字时，需要修改表 3-2 学生表和表 3-4 学生选课表，维护工作量大。

所以需要将关系数据模型进行规范。对于不同的规范化程度，可使用“范式”进行衡量，记作 NF。满足最低要求的为Ⅰ范式，简称 1NF。在Ⅰ范式的基础上，进一步满足一些要求的为Ⅱ范式，简称 2NF。同理，还可进一步规范为Ⅲ范式。

Ⅰ范式

一个关系的每个属性都是不可再分的基本数据项。

经分析，表 3-2 学生表、表 3-3 课程表、表 3-4 学生选课表均满足Ⅰ范式的条件，所以这三个表都是Ⅰ范式。

为理解Ⅱ范式和Ⅲ范式，先给出函数依赖、部分函数依赖和函数传递依赖的概念。

函数依赖

表中某属性 B 的值完全能由另一个属性 A（主关键字）值所决定，则称属性 B 函数依赖于属性 A，或称属性 A 决定了属性 B，记作属性 A→属性 B。

经分析，表 3-2 学生表中的姓名、班级、选课密码都函数依赖于主关键字学号。表 3-3 课程表中的课程名称、课程类别、学分等所有属性都函数依赖于主关键字课程编号。

部分函数依赖

表中某属性 B 只函数依赖于主关键字中的部分属性。例如，在学生选课表中，志愿号、选课时间、选课状态、成绩这四个属性既依赖于主关键字（学号，课程编号）中的学号、又依赖于主关键字中的课程编号，它们完全函数依赖主关键字（学号，课程编号）。而姓名属性只函数依赖于主关键字（学号，课程编号）中的学号，它与主关键字中的课程编号无关，不是完全函数依赖于主关键字中的所有属性。同样分析可以得出，课程名称只部分依赖于主关键字中的课程编号，它与主关键字中的另一个属性学号无关。

Ⅱ范式

Ⅱ范式首先是Ⅰ范式，而且关系中的每一个非主属性完全函数依赖于主关键字。

所以，表 3-2 学生表、表 3-3 课程表是Ⅱ范式。表 3-4 学生选课表不是Ⅱ范式。下面将学生选课表规范为Ⅱ范式。

将非Ⅱ范式规范为Ⅱ范式的方法

将部分函数依赖关系中的主属性（决定方）和非主属性从关系中提取出来，单独构成一个关系；将关系中余下的其他属性加上主关键字构成关系。

将表 3-4 学生选课表中的学号属性、姓名属性分离出来，单独组成一个关系。因表 3-2 学生表中已包含有学号、姓名属性，所以废弃掉刚刚分离出来的关系。现在，学生选课表中有学号（主关键字中的属性，分离关系时要保留）、课程编号、课程名称、志愿号、选课时间、选课状态和成绩属性。将课程编号、课程名称单独分离出来，因课程表中已包含这两个属性，所以废弃掉分离出来的这个关系。现在规范后的学生选课表如表 3-5 所示，它只有 6 个属性：学号、课程编号（主关键字中的属性，分离关系时要保留）、志愿号、选课时间、选课状态和成绩，它是Ⅱ范式。

表 3-5　学生选课表

学　号	课程编号	志　愿　号	选课时间	选课状态	成　绩
00000001	001	1		报名	
00000002	002	3		报名	
00000011	001	…		…	
…	…	…		…	

Ⅱ范式的仍然存在数据冗余、数据不一致的问题，需要进一步将其规范为Ⅲ范式。

函数传递依赖

属性之间存在传递的函数依赖关系。例如，在课程表中，课程编号决定了部门编号，部门编号决定了部门名称，部门名称是通过部门编号的传递而依赖主关键字课程编号的，则称课程编号和部门名称之间存在函数传递依赖关系。

Ⅲ范式

Ⅲ范式首先是Ⅱ范式，且关系中的任何一个非主属性都不函数传递依赖于主关键字。

下面分析表 3-2 学生表、表 3-3 课程表、表 3-5 学生选课表是否是Ⅲ范式。经分析，表 3-2 学生表、表 3-5 学生选课表是Ⅲ范式。而表 3-3 课程表因存在函数传递关系，所以不是Ⅲ范式。

消除函数传递依赖关系

将部门编号属性、部门名称属性分离出来组成一个关系，删除重复的数据行后构成表 3-6 部门表，该表主关键字为部门编号，它是Ⅲ范式。分离出部门名称属性后的课程表如表 3-7 所示，它是Ⅲ范式。

规范后的Ⅲ范式的表有：学生表（表 3-2）、学生选课表（表 3-5）、部门表（表 3-6）、课程表（表 3-7）。

表 3-6 部 门 表

部门编号	部门名称
01	计算机工程系
02	建筑工程系
03	旅游系

表 3-7 课 程 表

课程编号	课程名称	课程类别	学分	教师	部门编号	上课时间	限选人数	报名人数	被选中人数
001	MySQL 实用技术	信息技术	3	徐人凤	01	周二 5-6	20	43	20
002	JAVA 技术的开发应用	信息技术	2	程伟斌	01	周二 5-6	40	34	34
011	中外建筑欣赏	人文	2	林泉	02	周二 5-6 节	20	27	20
012	智能建筑	工程技术	2	王娜	02	周二 5-6 节	20	35	20

如果一个班级有 40 名同学，在表 3-2 的学生表中该班名字就会出现 40 次，且可能输入的名字有全称也有缩写，这样按班级查询或更新班级属性值时就会遇到问题。所以对班级这个属性还要进一步规范，将班级编号、班级名称、部门编号属性分离出来构成表 3-8 班级表，该表的主关键字为班级编号。再将表 3-2 学生表中的班级属性修改为班级编号，如表 3-9 学生表所示。

公共关键字

对表 3-8 班级表中的每一个班级编号，都能在表 3-8 中找到与给定的班级编号所对应的班级名称，称班级编号为表 3-8 班级表和表 3-9 学生表的公共关键字（简称公共键）。

表 3-8 班 级 表

班级编号	班级名称	部门编号
20000001	00 电子商务	01
20000002	00 多媒体	01
20000003	00 数据库	01
…	…	…

表 3-9 学 生 表

学号	姓名	班级编号	选课密码
00000001	林斌	20000001	47FE680E
00000002	彭少帆	20000001	A946EF8C
00000011	朱川	20000002	19C5653D

至此，表 3-2 学生表、表 3-3 课程表、表 3-4 学生选课表规范为Ⅲ范式：学生选课表（表 3-5）、部门表（表 3-6）、课程表（表 3-7）、班级表（表 3-8），

学生表（表 3-9）。

【想一想】这 5 个表中还有哪些公共关键字？

Ⅲ范式的表数据基本独立，表和表之间通过公共关键字进行联系，从根本上消除了数据冗余、数据不一致的问题。

任务 3.5 保证数据完整性规则

【问题 3.7】阐述如何保证学生选课表（表 3-5）、部门表（表 3-6）、课程表（表 3-7）、班级表（表 3-8）和学生表（表 3-9）的数据完整性。

数据完整性

用来保证数据的一致性和正确性，它分为列数据完整性、表数据完整性、表与表之间的参照完整性。

列数据完整性

也被称为域完整性或用户定义完整性。列值必须在所规定的有效范围内。例如，学校规定，学生选课志愿最多只允许报 5 个，志愿号的值只能为 1、2、3、4、5；课程编号为字符型，长度为 3，且不允许为空，并且 3 个字符都是数字，并且不允许同时为 0。

表数据完整性

也被称为实体完整性。指表中必须有主键，且主键值不允许为空（NULL）。例如，在学生表中，学号为主键，其值不允许为空就保证了学生的表数据完整性。

参照完整性

也被称为引用完整性，指外关键字（简称外键）的值必须与相应的主键字的值相互参照。

一个表的某列是其他表的主键，称该列为外键。外键值来自主键值，外键值可以为空（NULL）也允许出现重复值。

向外键所在的表**添加**（INSERT）数据时，要保证外键值一定在主表的主键值中存在。

例如，向学生表（表 3-9）中添加数据行时，要保证所添加的班级编号值（外键值）一定要在班级表（表 3-8）的班级编号（主键）值中存在。

修改（UPDATE）外键值时，要保证修改后的外键值存在于主表的主键值中。

例如，修改学生表（表 3-9）中的班级编号值，修改后的班级编号值一定要存在于班级表（表 3-8）中。否则，就破坏了数据参照完整性。

修改（UPDATE）主键值时，如果外键值中有正在修改的值，或者禁止该修改操作，或者级联修改外键值。

例如，将学生表（表3-9）中学号为“00000001”修改为“00000042”，学生选课表（表 3-5）中有学号为“00000001”的选课信息，此时，或者禁止该修改操作，或者级联修改，将学生选课表（表 3-5）中学号为“00000001”的那些行的学号值均修改为“00000042”。

删除（DELETE）主键的数据行时，如果外键值中存在正在删除的值，或者禁止该删除操作，或者级联删除这些外键值所在的数据行。

例如，删除部门表（表 3-6）中的部门编号为“01”的数据行，因课程表（表3-7）、班级表（表3-8）中存在部门编号为“01”的值，此时要么不允许此删除操作，要么同时（级联）删除课程表（表3-7）、班级表（表3-8）中部门编号为“01”的那些数据行。

这里，保证学生选课表（表 3-5）、部门表（表 3-6）、课程表（表 3-7）、班级表（表 3-8）、学生表（表 3-9）数据完整性的描述请见表 3-10。

表 3-10 保证学生选课的数据完整性

表名	保证数据完整性
部门表（表 3-6）	**列数据完整性**： 部门编号：字符型，长度 2，不允许空 部门名称：字符型，长度 20，不允许空
	表数据完整性：部门编号为主键，并且值不允许空
	参照完整性：本表无外健
课程表（表 3-7）	**列数据完整性**： 课程编号：字符型，长度 3，不允许空；值只允许 3 位数字，不能同时为 0 课程名称：字符型，长度 30，不允许空；值唯一 课程类别：字符型，长度 8，不允许空 学分：带小数位的数值型（整数位 1 位、小数位 1 位），不允许空；值只允许为下列之一：1、1.5、2、2.5、3、3.5、4、4.5、5 教师：字符型，长度 20，不允许空；值未输入值时自动输入“待定” 部门编号：字符型，长度 2，不允许空 上课时间：字符型，长度 10，不允许空 限选人数：整型数值型，不允许空，值大于等于 0 报名人数：整型数值型，不允许空，值大于等于 0 被选中人数：整型数值型，不允许空，值大于等于 0
	表数据完整性：课程编号为主键，并且值不允许为空
	参照完整性：部门编号为外键，其值需要参照部门表中的部门编号值
班级表（表 3-8）	**列数据完整性**： 班级编号：字符型，长度 8，不允许空 班级名称：字符型，长度 20，不允许空 部门编号：字符型，长度 2，不允许空
	表数据完整性：班级编号为主键，并且值不允许为空
	参照完整性：部门编号为外键，其值需要参照部门表中的部门编号值

续表

<table>
<tr><th>表　名</th><th>保证数据完整性</th></tr>
<tr><td rowspan="3">学生表（表 3-9）</td><td>列数据完整性：
学号：字符型，长度 8，不允许空；值只允许为 8 位数字，并且不可以为 8 个 0
姓名：字符型，长度 10，不允许空
班级编号：字符型，长度 8，不允许空
选课密码：字符型，长度 8，不允许空</td></tr>
<tr><td>表数据完整性：学号为主键，并且值不允许为空</td></tr>
<tr><td>参照完整性：班级编号为外键，其值需要参照班级表的班级编号值</td></tr>
<tr><td rowspan="3">学生选课表
（表 3-5）</td><td>列数据完整性：
学号：字符型，长度 8，不允许空
课程编号：字符型，长度 3，不允许空
志愿号：整型数值型，不允许空；值只允许为下列值之一：1、2、3、4、5
选课状态：字符型，长度 2，不允许空；值默认为“报名”</td></tr>
<tr><td>表数据完整性：（学号，课程编号）为主键，并且两个属性值不能同时为空</td></tr>
<tr><td>参照完整性：有两个外键
学号为外键，其值需要参照学生表中的学号值
课程编号为外键，其值需要参照课程表中的课程编号值</td></tr>
</table>

知识扩展

关键字（KEY）

用来唯一标识表中每一行的属性或属性的组合，通常也称为关键码、码或键。

候选关键字与主关键字

将那些可以用来做关键字的属性或属性的组合称为候选关键字（亦称为候选键）。将选中的那个关键字称为主关键字（PRIMARY KEY，PK），或称为主码、主键。在一个表中只能指定一个主键，它的值必须是唯一的、并且不允许为空值（NULL 值，未输入值的未知值）。

公共关键字

亦称为公共键，是连接两个表的公共属性。

主表与从表

将主键所在的表称为主表（也称为父表），将外键所在的表称为从表（也称为子表）。

在部门表（表 3-6）中，部门编号、部门名称属性都可以用作关键字，因为这两个属性的值在同一所学校里都是唯一的。部门编号、部门名称两个属性都是候选键。

通常情况下，选择属性值较短的那个属性（或属性的组合）作为主键，所以选择部门编号作为主键。部门编号是部门表（表 3-6）与班级表（表 3-8）之间的公共键；也是部门表（表 3-6）与课程表（表 3-7）之间的公共键。

主键部门编号所在的部门表为主表。外键部门编号所在的课程表、班级表是从表。

在本单元:

- 会对现实世界的事物和具有的特性进行分析。
- 会将现实世界的事物和特性抽象为信息世界的实体与属性。
- 会分析实体与实体之间具有的联系及联系的类型，以及实体间联系所具有的属性。
- 会用 E-R 图描述实体、属性与实体间的联系。
- 会将 E-R 图转换为关系数据模型（满足一定条件的二维表）。
- 会将关系数据模型规范化，使其满足一定的规范化程度（范式）要求。
- 了解如何保证数据完整性。

1. 班级表（表 3-8）中有候选键吗？选哪个（些）属性作为主键比较合适？
2. 写出学生选课表（表 3-5）、学生表（表 3-9）的公共属性。
3. 学生选课表（表 3-5）、课程表（表 3-7）中，针对课程编号属性来说，哪个表是主表？哪个表是从表？
4. 举例说明破坏课程表（表 3-7）列数据完整性的例子。
5. 举例说明如何保证学生表（表 3-9）数据完整性。

实训 参考答案

某公司计划对产品的销售情况进行计算机管理。产品有产品编号、产品名称、单价和库存数量四个属性。客户有客户编号、客户姓名、住址、联系电话四个属性。产品入库有入库日期、产品编号、产品名称、入库数量、单价五个属性。产品销售有销售日期、产品编号、产品名称、客户编号、客户姓名、单价、销售数量七个属性。

1. 简述有哪些实体？实体都有哪些属性？
2. 绘制出产品销售 E-R 图。
3. 将产品销售的 E-R 图转换为关系数据模型。
4. 将产品销售关系数据模型规范为Ⅲ范式。
5. 分析候选键、主键、外键与公共键。
6. 举例说明如何保证产品销售数据的完整性。

单元 4

创建与管理数据库

学习目标

【知识目标】

- 了解系统数据库。
- 了解字符集和编码规则。
- 了解数据库物理文件。
- 掌握查看、创建、选择和删除数据库的方法。

【技能目标】

- 会查看字符集及编码规则。
- 会修改服务器的字符集。
- 会使用图形界面和 SQL 语句查看、创建、选择和删除数据库。

任务陈述

当学生选课关系数据模型规范化到 III 范式后，现在需要在 MySQL 数据库服务器上创建学生选课数据库 xk。

知识学习

数据库

MySQL 数据库服务器是存储数据库的容器。安装 MySQL 时会自动安装 mysql、information_schema、performance_schema 和 sys 四个系统数据库，如图 4-1 所示。

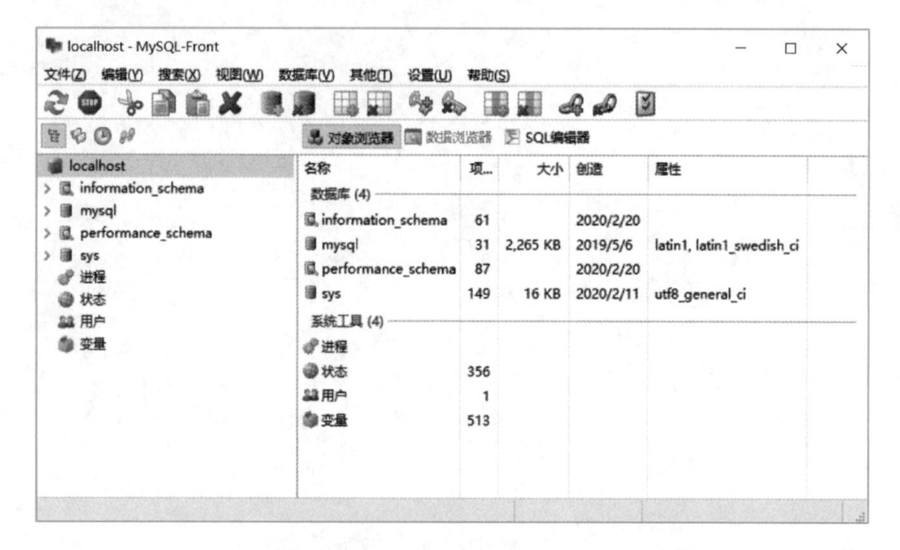

图 4-1　安装 MySQL 时系统自动安装了四个系统数据库

微课
创建与管理数据库

数据库是一种可以通过某种方式存储数据库对象的容器。简而言之，数据库就是一个存储数据的地方，并且是按照特定规律存放数据，这样便于管理和处理。表是用来存储数据的一个数据库对象。

首先介绍四个系统数据库、MySQL 字符集和排序规则和数据库物理文件存储位置。使用图形化界面工具 MySQL-Front 创建数据库、查看服务器上的数据库、选择数据库以及删除数据库。

系统数据库

安装 MySQL 时会自动安装 mysql、information_schema、performance_schema 和 sys 这四个系统数据库。

1. mysql 数据库

mysql 是 MySQL 数据库服务器的主数据库，存储数据库服务器的注册用户信息、权限设置、关键字等，存储 mysql 数据库需要使用的控制和管理信息。（常在 mysql.user 表中修改 root 用户的密码）。一旦 mysql 数据库不可用，MySQL 数据库服务器就无法启动。

2. information_schema 数据库

该数据库保存 MySQL 服务器上所有数据库的信息，如数据库名、数据库的表、访问权限、数据库表的数据类型、数据库索引等信息。

3. performance_schema 数据库

主要用于收集数据库服务器的性能参数，用于监控服务器在一个较低级别的运行过程中的资源消耗、资源等待等情况。

4. sys 数据库

sys 中的所有数据来自 performance_schema，用以降低 performance_schema 的复杂度，方便 DBA 快速阅读库中的内容、了解 DB 的运行情况。

字符集和编码规则

字符集（CHARACTER SET）是字符在数据库中编码的集合和编码规则。我们知道字符最终以二进制形式存储在计算机中，编码规则就是定义用什么样的二进制存储字符。字符编码方式是用一个或多个字节的二进制形式存储字符集中的一个字符。每种字符集都有自己独有的编码方式，因此同一个字符在不同字符集的编码方式下，可能会产生不同的二进制形式。

字符集合指定了一个集合中有哪些字符。而字符编码，是为这个集合中所有字符定义相关编号。

MySQL 常用的字符集有 latin1（注：cp1252 West European），主要用于支持西欧的语言。utf8（UTF-8 Unicode）是一种国际字符集，支持中文、英文、日文、韩文等。gb2312（GB2312 Simplified Chinese）、utf8b4（UTF-8 Unicode）均能非常好地支持简体中文语言。gbk（GBK Simplified Chinese）是在 gb2312 字符集的基础上扩容的，它兼容 gb2312 的标准，主要用于汉字和英语，它的通用性弱于 utf8，但比 utf8 节省存储空间。

【问题 4.1】查看 MySQL 数据库服务器支持的字符集和编码规则。

在 SQL 编辑器中执行如下语句：

```
SHOW CHARACTER SET;
```

执行结果如图 4-2 所示。

从图中可以看到，MySQL 支持 41 个字符集。第 1 列为字符集、第 2 列描述字符集、第 3 列为默认编码规则、第 4 列为字符集中每个字符占用的最大字节数。

Charset	Description	Default collation	Maxlen
gb18030	China National Standard GB18030	gb18030_chinese_ci	4
gb2312	GB2312 Simplified Chinese	gb2312_chinese_ci	2
gbk	GBK Simplified Chinese	gbk_chinese_ci	2
geostd8	GEOSTD8 Georgian	geostd8_general_ci	1
greek	ISO 8859-7 Greek	greek_general_ci	1
hebrew	ISO 8859-8 Hebrew	hebrew_general_ci	1
hp8	HP West European	hp8_english_ci	1
keybcs2	DOS Kamenicky Czech-Slovak	keybcs2_general_ci	1
koi8r	KOI8-R Relcom Russian	koi8r_general_ci	1
koi8u	KOI8-U Ukrainian	koi8u_general_ci	1
latin1	cp1252 West European	latin1_swedish_ci	1

18:1 41 Records(s)

图 4-2 查看 MySQL 数据库服务器上的字符集

从图中可以看到，字符集 gbk 默认的编码规则为 gbk_chinese_ci。_ci 表示不区分字母的大小写。Maxlen 为 2 表示单个字符或一个汉字占 2 个字节。_cs 则表示区分字母的大小写。

【问题 4.2】查看数据库服务器上当前使用的字符集。

在 SQL 编辑器中执行如下语句：

```
SHOW VARIABLES LIKE '%character%';
```

执行结果如图 4-3 所示。

Variable_name	Value
character_set_client	utf8mb4
character_set_connection	utf8mb4
character_set_database	latin1
character_set_filesystem	binary
character_set_results	utf8mb4
character_set_server	utf8
character_set_system	utf8
character_sets_dir	C:\phpstudy_pro\Extensions\MySQL5.7.26\share\charsets\

1:35 41 Records(s)

图 4-3 查看 MySQL 数据库服务器当前使用的字符集

character_set_client 为客户端字符集，character_set_connection 为连接层字符集，character_set_results 为查询结果的字符集。客户端、连接层、查询结果和服务器使用相同的字符集，可以避免出现乱码。

【问题 4.3】修改 character_set_server 字符集为 utf8mb4。

修改 MySQL 的 my.cnf 配置文件，它位于 C:\phpstudy_pro\Extensions

MySQL5.7.26 文件夹下，如图 4-4 所示。

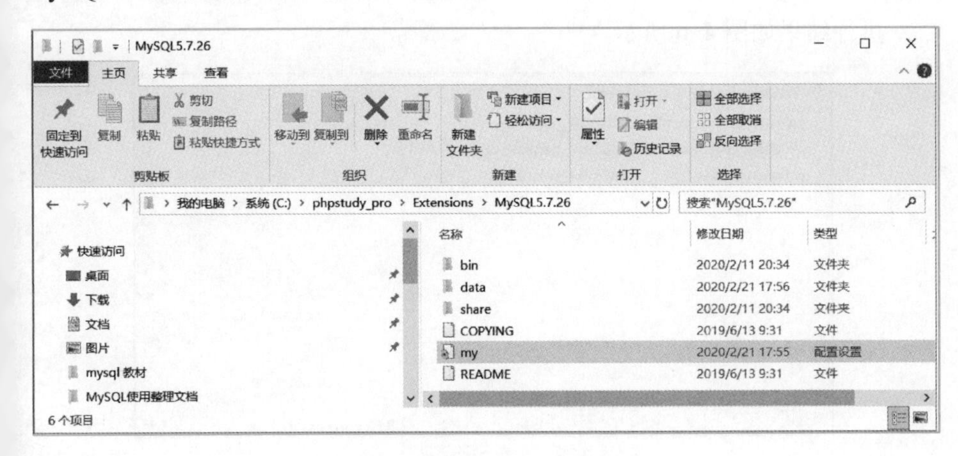

图 4-4　my.cnf 文件所在的位置

使用记事本中打开 my.cnf 文件，查找“utf8”，使用“utf8mb4”替换所有的“utf8”，保存 my.cnf 文件。停止 MySQL 服务器，然后重新启动。

【问题 4.4】将 character_set_database 字符集修改为 utf8mb4。

在 SQL 编辑器中执行如下语句：

```
SET character_set_database=utf8mb4;
```

查看修改结果：SHOW VARIABLES LIKE '%character%';

执行结果如图 4-5 所示。已将 character_set_server 字符集、character_set_database 字符集修改为 utf8mb4。

Variable_name	Value
character_set_client	utf8mb4
character_set_connection	utf8mb4
character_set_database	utf8mb4
character_set_filesystem	binary
character_set_results	utf8mb4
character_set_server	utf8mb4
character_set_system	utf8
character_sets_dir	C:\phpstudy_pro\Extensions\MySQL5.7.26\share\charsets\

3:1　8 Records(s)

图 4-5　character_set_server、character_set_database 字符集已改为 utf8mb4

【问题 4.5】查看 MySQL 服务器、数据库和连接的编码规则。

在 SQL 编辑器中执行如下语句：

```
SHOW VARIABLES LIKE 'collation%';
```

执行结果如图 4-6 所示。

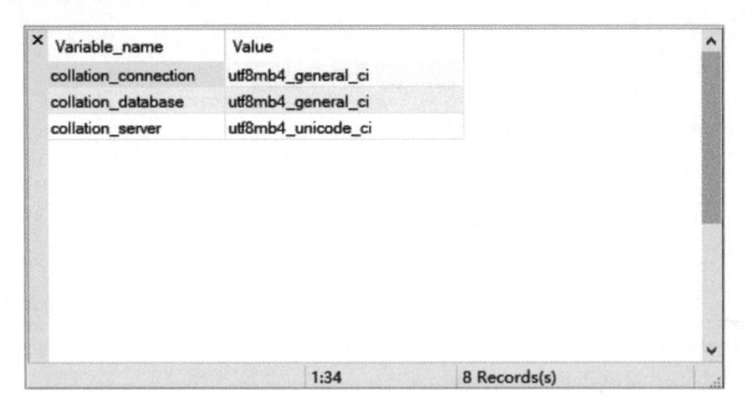

图 4-6 MySQL 数据库服务器当前使用的字符集

通常在确定了字符集后，MySQL 就自动确定了相应的编码规则。可以根据需要在创建数据库时指定数据库的字符集和编码规则。在创建数据库时如果不指定字符集和编码规则，默认使用 MySQL 服务器设置的字符集和编码规则。

任务 4.1 查看数据库

【问题 4.6】使用 MySQL-Front 查看 MySQL 服务器上有哪些数据库。

在 MySQL-Front 界面下，单击左侧“localhost”。注意，在需要时按 F5 键先刷新。可以看到当前服务器上的所有数据库的详细信息，如图 4-7 所示。

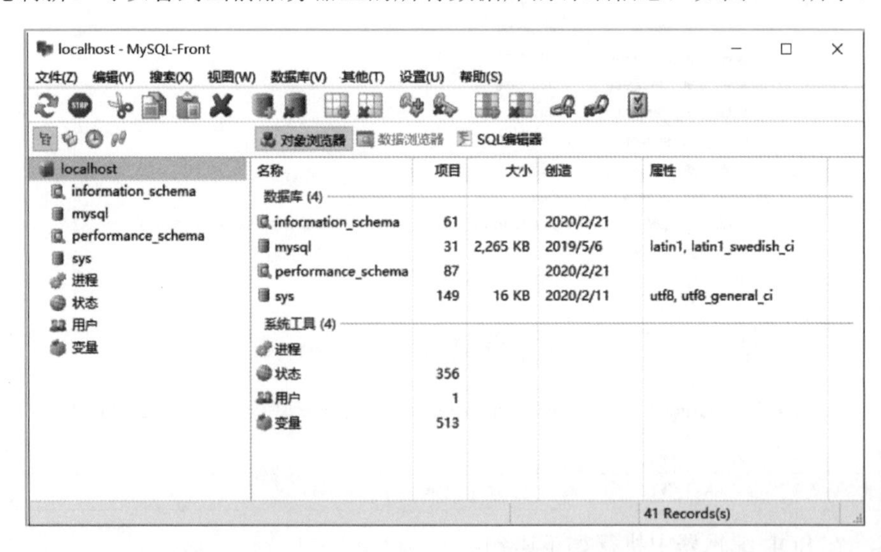

图 4-7 服务器上所有数据库的信息

【问题 4.7】使用 SQL 语句查看 MySQL 服务器上有哪些数据库。

在 SQL 编辑器中执行如下语句：

```
SHOW DATABASES;
```

可以看到服务器上现有数据库名。

【问题 4.8】使用 MySQL-Front 查看指定的数据库，如 mysql。

在 MySQL-Front 界面下，首先单击左侧“localhost”，再单击 mysql 数据库，可以看到 mysql 数据库中所有表和视图的详细信息，如图 4-8 所示。

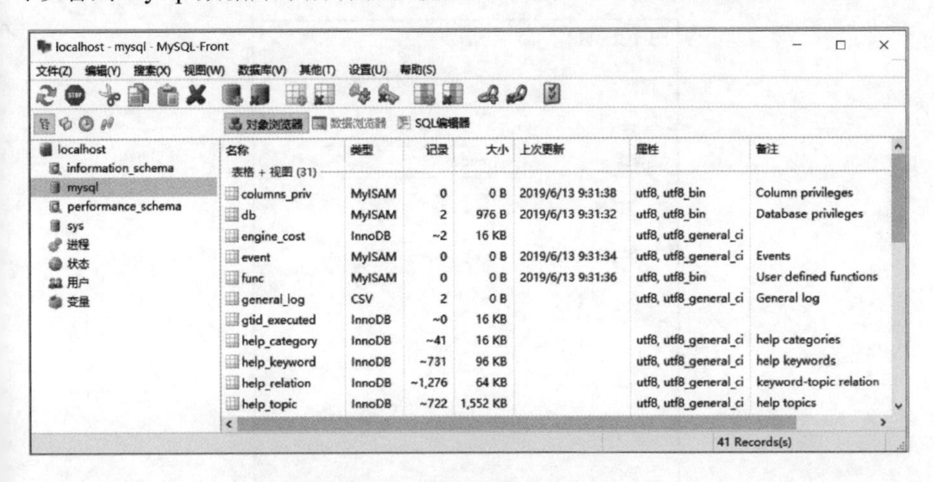

名称	类型	记录	大小	上次更新	属性	备注
columns_priv	MyISAM	0	0 B	2019/6/13 9:31:38	utf8, utf8_bin	Column privileges
db	MyISAM	2	976 B	2019/6/13 9:31:32	utf8, utf8_bin	Database privileges
engine_cost	InnoDB	~2	16 KB		utf8, utf8_general_ci	
event	MyISAM	0	0 B	2019/6/13 9:31:34	utf8, utf8_general_ci	Events
func	MyISAM	0	0 B	2019/6/13 9:31:36	utf8, utf8_bin	User defined functions
general_log	CSV	2	0 B		utf8, utf8_general_ci	General log
gtid_executed	InnoDB	~0	16 KB			
help_category	InnoDB	~41	16 KB		utf8, utf8_general_ci	help categories
help_keyword	InnoDB	~731	96 KB		utf8, utf8_general_ci	help keywords
help_relation	InnoDB	~1,276	64 KB		utf8, utf8_general_ci	keyword-topic relation
help_topic	InnoDB	~722	1,552 KB		utf8, utf8_general_ci	help topics

图 4-8 mysql 数据库的详细信息

【问题 4.9】使用 SQL 语句查看 mysql 数据库。

在 SQL 编辑器中执行如下语句：

```
SHOW CREATE DATABASE mysql;
```

执行结果如图 4-9 所示。显示了创建 mysql 数据库的 SQL 语句。字符集为 latin1。

Database	Create Database
mysql	CREATE DATABASE `mysql` /*!40100 DEFAULT CHARACTER SET latin1 */

图 4-9 显示 mysql 数据库的创建语句

可以使用 MySQL-Front 创建数据库，也可以使用 CREATE DATABASE 语句创建数据库。

任务 4.2 创建数据库

创建数据库之前，首先考虑数据库的命名，数据库名须符合以下规则：见名知意。在 MySQL 中数据库名必须唯一，名字中不能含有“/”及“.”等字符。

【问题 4.10】使用 MySQL-Front 创建 mydb 数据库。字符集为 gbk，编码规则为 gbk_chinese_ci。

① 在 MySQL-Front 界面下，单击“localhost”，单击鼠标右键，选择“新建”-“数据库”命令。或者单击第一行菜单“数据库”-“新建”-“数据库”按钮。出现“新建数据库”对话框。

② 在名称栏输入数据库名“mydb”，在字符集下拉表中选择“gbk”，字符集校对栏会自动选择“gbk_chinese_ci”，如图 4-10 所示。

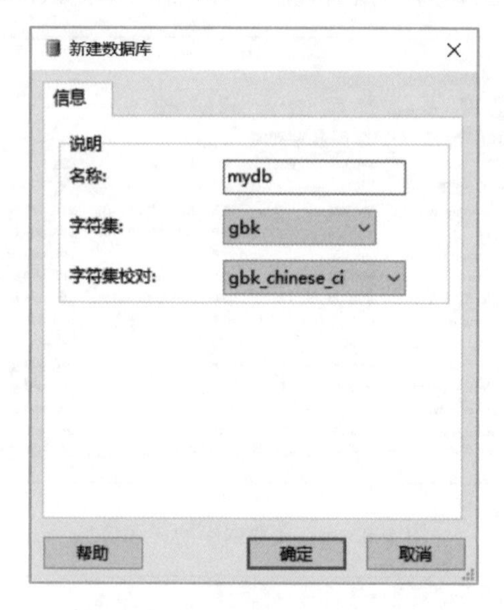

图 4-10 “新建数据库”对话框

③ 单击“确定”按钮，关闭“新建数据库”对话框。可看到 MySQL 服务器上新增加了数据库 mydb。

所有数据库的物理文件都存放在 C:\phpstudy_pro\Extensions\MySQL5.7.26\data 文件夹下。每个数据库在该文件夹下都有一个同名文件夹。

每个数据库的文件夹下都有 db.opt 文件，它保存数据库的配置信息（默认字符集和编码规则），在创建数据库时自动创建了该文件。

可使用 SHOW GLOBAL VARIABLES LIKE "%datadir%"; 命令查看数据库物理文件的位置。

可以使用 CREATE DATABASE 语句创建用户数据库。语法格式：

```
CREATE {DATABASE | SCHEMA} [IF NOT EXISTS] 数据库名
[[DEFAULT] CHARACTER SET 字符集名
|[DEFAULT] COLLATE 编码规则名]
```

说明：数据库名为要创建的数据库名。它至少符合以下规则：

（1）数据库名必须唯一；

（2）名称内不能含有“/”及“.”等非法字符。

在创建数据库时如果不指定字符集、编码规则，则默认使用服务器的字符集和编码规则。

【问题 4.11】使用 **CREATE DATABASE** 语句创建 **xk** 数据库。

在 SQL 编辑器中执行如下语句：

```
CREATE DATABASE xk;
```

执行这个语句后，服务器上新增加了数据库 xk。单击此数据库，单击鼠标右键，选择“属性”命令，打开“xk 的配置”对话框，可以看到 xk 数据库字符集和编码规则默认使用服务器的设置。

【问题 4.12】使用 **CREATE DATABASE** 语句创建 **mydb2** 数据库，字符集为 **gb2312**，编码规则为 **gb2312_chinese_ci**。

在 SQL 编辑器中执行如下语句：

```
CREATE DATABASE IF NOT EXISTS mydb2
CHARACTER SET gb2312
COLLATE gb2312_chinese_ci;
```

执行这些语句后则创建了 mydb2 数据库。

创建数据库之后，可根据需要修改数据库的字符集或编码规则。修改数据库的语句格式：

```
ALTER {DATABASE | SCHEMA} [数据库名]
[[DEFAULT] CHARACTER SET 字符集名
|[DEFAULT] COLLATE 校对规则名]
```

任务 4.3 修改数据库

【问题 4.13】使用 **MySQL-Front** 修改 **mydb** 数据库，将字符集修改为 **gb2312**，编码规则修改为 **gb2312_chinese_ci**。

在 MySQL-Front 界面下，单击 mydb 数据库，单击鼠标右键，选择“属性”命令，打开“mydb 的配置”对话框，在字符集下拉表中选择“gb2312”，字符集校对栏会自动选择“gb2312_chinese_ci”。单击“确定”按钮，关闭“mydb 的配置”对话框。

【问题 4.14】使用 **ALTER DATABASE** 语句。将 **mydb2** 数据库的字符集修改为 **utf8mb4**，编码规则修改为 **utf8mb4_general_ci**。

在 SQL 编辑器中执行如下语句：

```
ALTER DATABASE mydb2
CHARACTER SET utf8mb4
```

```
COLLATE utf8mb4_general_ci;
```

执行这些语句后则完成了 mydb2 数据库字符集和编码规则的修改。

任务 4.4 选择数据库

在 MySQL 数据库服务器中有多个数据库，所以在操作数据库之前，首先需要选定要使用的数据库作为当前数据库。

【问题 4.15】使用 SQL 语句将 xk 数据库选定为当前数据库。

在 SQL 编辑器中执行如下语句：

```
USE xk;
```

任务 4.5 删除数据库

删除数据库，可以使用 DROP DATABASE 命令，语法格式：

```
DROP DATABASE  [IF EXISTS] 数据库名
```

【注意】删除数据库会删除数据库及数据库中所有的表和数据等数据库对象。也会自动删除数据库物理文件所在的文件夹。

【问题 4.16】使用 MySQL-Front 删除 mydb 数据库。

在 MySQL-Front 界面下，单击 mydb 数据库，单击鼠标右键，选择“删除”命令，在“确认删除”对话框中，单击“是”按钮，则完成删除。

【问题 4.17】使用 DROP DATABASE 语句删除 mydb2 数据库。

【注意】用语句删除数据库，会直接立即删除，不出现删除数据库的确认。请谨慎操作。

在 SQL 编辑器中执行如下语句：

```
DROP DATABASE IF EXISTS mydb2;
```

执行语句后则删除了 mydb2 数据库。

单元小结

在本单元：

- 了解 MySQL 四个系统数据库。
- 了解字符集和编码规则。
- 了解数据库的物理文件存放位置。
- 会查看数据库服务器支持的字符集。
- 会查看数据库服务器当前使用的字符集。
- 会修改数据库服务器的字符集。

- 会修改数据库的字符集。
- 会查看数据库。
- 会使用 MySQL-Front 和 SQL 语句查看、创建、选择、修改和删除数据库。

思考与练习

1．数据库的物理文件类型有几种？后缀是什么？

2．如何查看某一个数据库的信息？如何查看所有数据库的信息？

3．如何删除数据库？删除数据库时为什么要非常谨慎？

4．如何修改数据库的字符集和编码规则。

5．字符集 utf8 和 utf8mb4 有什么不同？

实训

实训 参考答案

1．使用图形界面创建名字为 newdb 的数据库，字符集为 big5，编码规则为 big5_chinese_ci。

2．使用 SQL 语句修改 newdb 数据库的字符集为 gb18030，编码规则为 gb18030_chinese_ci。

3．使用 SQL 语句将 newdb 选择为当前数据库。

4．使用 SQL 语句删除 newdb 数据库。

5．使用 SQL 语句创建 sale 数据库，该数据库的字符集为 utf8mb4，编码规则为 utf8mb4_general_ci。

单元 5

创建与管理数据表

学习目标

【知识目标】

- 了解存储引擎。
- 了解表物理文件存储位置。
- 了解 MySQL 数据类型和空值。
- 理解数据库表结构和空值。
- 掌握设计表的方法。
- 掌握创建、查看和修改表结构的方法。
- 掌握复制表结构到新表中。
- 掌握复制表结构及数据到新表中。
- 掌握删除表的方法。

【技能目标】

- 会查看、更改存储引擎。
- 会对表进行详细设计。
- 会使用数据类型。
- 会创建、查看和修改表结构。
- 会复制表结构到新表中。
- 会复制表结构和数据到新表中。
- 会删除表。

任务陈述

创建学生选课数据库 xk 之后，需要在该数据库中创建“数据库设计”单元中规范为Ⅲ范式的 5 个表：学生表、课程表、学生选课表、部门表和班级表。按照学生选课表（表 3-5）、部门表（表 3-6）、课程表（表 3-7）、班级表（表 3-8）、学生表（表 3-9）的表结构在 xk 中完成创建。

知识学习

存储引擎

MySQL 中提到了存储引擎（storage engine）。简而言之，存储引擎就是指表的类型。在软件开发时，为了提高 MySQL 数据库管理系统的使用效率和灵活性，可以根据实际需要选择存储引擎。因为存储引擎指定了表的类型，即如何存储和索引数据，是否支持事务等，同时存储引擎也决定了表在计算机中的存储方式。

【问题 5.1】查看 MySQL 支持的存储引擎。

在 SQL 编辑器中执行如下语句：

```
SHOW ENGINES;
```

执行结果如图 5-1 所示。

微课
创建与管理数据表

Engine	Support	Comment	Transactions	XA	Savepoints
InnoDB	DEFAULT	Supports transactions, row-level locking, and foreign keys	YES	YES	YES
MRG_MYISAM	YES	Collection of identical MyISAM tables	NO	NO	NO
MEMORY	YES	Hash based, stored in memory, useful for temporary tables	NO	NO	NO
BLACKHOLE	YES	/dev/null storage engine (anything you write to it disappears)	NO	NO	NO
MyISAM	YES	MyISAM storage engine	NO	NO	NO
CSV	YES	CSV storage engine	NO	NO	NO
ARCHIVE	YES	Archive storage engine	NO	NO	NO
PERFORMANCE_SCHEMA	YES	Performance Schema	NO	NO	NO
FEDERATED	NO	Federated MySQL storage engine	<NULL>	<NULL>	<NULL>

1:14　　9 Records(s)

图 5-1　查看 MySQL 支持的存储引擎

从图中可以看到，MySQL 支持 9 种存储引擎。

InnoDB 是服务器默认的存储引擎，在 MySQL 中，只有 InnoDB 支持外键。它是事务型数据库的首选引擎。在处理多重并发的更新请求、事务、自动灾难恢复、外键约束和自动增加列 AUTO_INCREMENT 属性方面，InnoDB 是理想的选择。

MyISAM 不支持事务，也不支持外键约束，它提供高速存储和检索以及全文搜索。该存储引擎插入数据快，空间和内存使用比较低。如果表主要是用于插入记录和读出记录，那么选择 MyISAM 能实现处理的高效率。如果应用的完整性、并发性要求很低，也可以选择 MyISAM 存储引擎。

MEMORY 出发点是速度快，将表存储在系统内存中，但会有数据丢失的风险。适用于创建临时表时使用。它要求存储在内存中的数据表中的数据使用的是定长数据类型。

表物理文件存储位置

对于 InnoDB 存储引擎的表，在数据库的物理文件夹中，为每个表创建两个物理文件，存储表结构的为与表同名的.frm 文件，存储表数据和索引的为与表同名的.ibd 文件。

对于 MyISAM 存储引擎的表，在数据库的物理文件夹中，为每个表创建三个物理文件，存储表结构的为与表同名的.frm 文件，存储表数据的为与表同名的.myd 文件，存储表索引的为与表同名的.myi 文件。

MySQL 数据类型

数据库提供了多种数据类型，其中包括整数类型、浮点数类型、日期和时间类型、字符串类型和二进制类型等。不同的数据类型有各自的特点，使用范围不相同。

MySQL 系统提供的数据类型、存储范围及用法如表 5-1 所示。

表 5-1 MySQL 系统提供的数据类型、存储范围及用法

数据类型	字节长度	存储范围或用法
Bit	1	无符号数 0～255，有符号数-128～127
TinyInt	1	无符号数 0～255，有符号数-128～127
SmallInt	2	无符号数 0～65535，有符号数-32768～32767
MediumInt	3	无符号数 0～2^24-1，即 0～16777215；有符号数-2^23～2^23-1，即-8388608～8388607
Int	4	无符号数 0～2^32-1，即 0～4294967295；有符号数-2^31～2^31-1，即-2147483648～2147483647
BigInt	8	无符号数 0～2^64-1，即 0～18446744073709551615，有符号数-2^63～2^63-1，即-9223372036854775808～9223372036854775807
Real		-3.40E+38～3.40E+38
Float(M,D)	4	-3.40E+38～3.40E+38，如果 D<=24 则为默认的 FLOAT，如果 D>24 则会自动被转换为 DOUBLE 类型
Double(M,D)	8	双精度浮点类型
Decimal(*m*,*n*)	*m*+2	-10^38+1 到 10^38-1. 即 *m* 代表总位数（含小数点），*n* 代表小数点后的位数

续表

数据类型	字节长度	存储范围或用法
Numeric(*m*,*n*)		同 Decimal(*m*,*n*)
Date	4	以 YYYY-MM-DD 的格式显示，如 2010-10-15
Time	3	以 HH:MM:SS 的格式显示，如 11:22:30
TimeStamp	4	以 YYYY-MM-DD HH:MM:SS 格式显示，如 1970-01-01 00:00:00
DateTime	8	以 YYYY-MM-DD HH:MM:SS 格式显示，如 2009-07-19 11:22:30
Year	1	以 YYYY 的格式显示，如 2020
Char(*n*)	*n*	定长字符，*n* 可为 0～255 字节
VarChar(*n*)	*n*	变长字符，*n* 可为 0～255 字节
Binary(*n*)	*n*	定长二进制存储，定长不足 *n* 时补 0
Varbinary(*n*)	*n*+1	变长二进制存储，定长不足 *n* 时不补 0
TinyBlob		可变长二进制数，最多 255 个字节
Blob		可变长二进制数，最多 2^16-1 个字节
MediumBlob		可变长二进制数，最多 2^24-1 个字节
LongBlob		可变长二进制数，最多 2^32-1 个字节
TinyText	值的长度+2	0～255 字节、短文本字符串
Text	值的长度+2	0～65535 字节、长文本数据
MediumText	值的长度+3	0～16777215 个字符，中长文本数据
LongText	值的长度+4	0～4 294 967 295 字符，大文本数据
Enum‘value1’,‘value2’,...)		枚举型，最多可以有 65535 个不同的值
Set		最大可有 64 个不同的值
Geometry		用来表示地理位置的几何数据类型
Point		用来表示地理位置的几何数据类型
LineString		用来表示地理位置的几何数据类型
Polygon		用来表示地理位置的几何数据类型
MultiPoint		用来表示地理位置的几何数据类型
MultiLineString		用来表示地理位置的几何数据类型
MultiPolygon		用来表示地理位置的几何数据类型
GeometryCollection		用来表示地理位置的几何数据类型

空值（NULL）

空值（NULL）不等于零（0）、空格或零长度的字符串，NULL 意味着没有输入，通常表明值是未知的或未定义的。例如，当 course 表中 Teacher 列为空值时，并不表示该课程没有任课教师，而是指任课教师未知或尚未确定。

如果向一个表中添加数据行时，没给允许为 NULL 值的列提供值，则 MySQL 自动将其输入为 NULL。

如果某一列不允许为空值，则用户在向表中输入数据时必须为该列提供一个值，否则输入会失败。

在设计表时，“允许为空”的特性决定该列在表中是否允许为空值。

下面是关于空值的一些使用方法：

（1）若在 SQL 语句中测试某列值是否为空值，可在 WHERE 子句中使用 IS NULL 或 IS NOT NULL 语句。

（2）在查看查询结果时，空值在结果集内显示为 NULL。

（3）如果包含空值列，则某些计算（如平均值）可能得不到预期的结果，所以在执行计算时要根据需要消除空值，或者根据需要对空值进行相应替换。

（4）如果数据中可能包含空值，那么在 SQL 语句中请尽量消除空值或将空值转换成其他值。

【建议】由于空值会导致查询和更新时使事情变得更复杂，所以为了减少 SQL 语句的复杂性，建议尽量不要允许使用空值。如 course 表中 Teacher 列，可以设定它不允许为空值，为其创建一个默认约束为“待定”，这样对于没确定的授课教师就会赋予“待定”，而不是空值。

任务 5.1 详细设计表

表是一种用于存储数据的数据库对象。表中每一行表示一条记录，每一列表示记录的一个属性。表中列名必须唯一，数据库中不同表可以使用相同的列名。

在创建表之前首先需要对表进行详细设计。对表的详细设计一般应考虑如下几点：

（1）表的名字。

（2）每列的列名、存储的数据类型和长度，列值是否允许为空（NULL）。

（3）哪些列需要定义数据的有效值范围，或在不输入数据时自动赋予默认的值。

下面详细设计部门表、课程表、班级表、学生表和学生选课表。

将部门表的表名定义为 department，该表的详细设计请见表 5-2。

表 5-2 department 表的详细设计

列　名	数据类型	长　度	值是否允许为空	说　明
DepartNo	定长字符型	2	否	部门编号。**主键**
DepartName	变长字符型	20	否	部门名称

将课程表的表名定义为 course，该表的详细设计请见表 5-3。

表 5-3 course 表的详细设计

列　名	数据类型	长度	小数点位数	值是否允许为空	备　注
CouNo	定长字符型	3		否	课程编号。**主键**
CouName	变长字符型	30		否	课程名称。**值唯一**
Kind	变长字符型	8		否	课程类别
Credit	带小数位的数值型	2	1	否	学分。值只能为下列值：1、1.5、2、2.5、3、3.5、4、4.5、5
Teacher	变长字符型	20		否	教师。未输入值时自动输入**“待定”**
DepartNo	定长字符型	2		否	部门编号。**外键**
SchoolTime	变长字符型	10		否	上课时间
LimitNum	整型	5	0	否	限选人数。大于 0
WillNum	整型	5	0	否	报名人数。大于 0
ChooseNum	整型	5	0	否	被选中上课的人数。大于 0

将班级表的表名定义为 class，该表的详细设计见表 5-4。

表 5-4 class 表的详细设计

列　名	数据类型	长　度	是否允许为空	备　注
ClassNo	定长字符型	8	否	班级编号。**主键**
ClassName	字符型	20	否	班级名称
DepartNo	定长字符型	2	否	部门编号。**外键**

将学生表的表名定义为 student，该表的详细设计见表 5-5。

表 5-5 student 表的详细设计

列　名	数据类型	长　度	是否允许为空	备　注
StuNo	定长字符型	8	否	学号。**主键**
StuName	变长	10	否	姓名
Pwd	变长字符型	8	否	选课密码
ClassNo	定长字符型	8	否	班级编号。**外键**

将选课表的表名定义为 stucou，该表的详细设计见表 5-6。

表 5-6 stucout 表的详细设计

列 名	数据类型	长 度	是否允许为空	备 注	
StuNo	定长字符型	8	否	学号。**外键**	**主键**
CouNo	字符型	3	否	课程编号。**外键**	
WillOrder	整型		否	自愿号。值只允许为 1、2、3、4、5	
State	定长字符型	2	否	选课状态。值只允许为“报名”、“选中”，默认为**“报名”**	
RandomNum	变长字符型	50	是	随机数	

任务 5.2 创建表

在创建表时可以指定存储引擎、字符集和编码规则。如果不指定，则默认使用 MySQL 默认的存储引擎、当前数据库的字符集和编码规则。

可以使用 CREATE TABLE 语句和 phpMyAdmin 工具创建表。在创建表之前，首先须将 xk 数据库切换为当前数据库。

使用 CREATE TABLE 语句创建表的语法格式：

```
CREATE TABLE [IF NOT EXISTS] 表名
(列名  数据类型  [NOT NULL | NULL] [DEFAULT 列默认值]…)
ENGINE = 存储引擎
```

【问题 5.2】使用 CREATE TABLE 语句创建 department 表（详细设计见表 5-2）。该题未创建主键约束。

在 SQL 编辑器中执行如下语句：

```
USE xk;
CREATE TABLE department
(DepartNo Char(2) NOT NULL,
DepartName VarChar(20) NOT NULL);
```

执行则创建了 department 表（需要时请刷新界面，或重新打开 MySQL-Front）。

【问题 5.3】查看 department 表定义语句、存储引擎和字符集。

在 SQL 编辑器中执行如下语句：

```
SHOW CREATE TABLE department;
```

执行结果如图 5-2 所示。显示出 department 表的创建语句、存储引擎和字符集。

Table	Create Table
department	CREATE TABLE `department` (`DepartNo` char(2) NOT NULL, `DepartName` varchar(20) NOT NULL) ENGINE=InnoDB DEFAULT CHARSET=utf8mb4

图 5-2 department 表默认使用服务器的存储引擎和字符集

【问题 5.4】查看 department 表结构。

在 SQL 编辑器中执行如下语句：

```
DESCRIBE department; /*表格形式*/
```

执行结果如图 5-3 所示。

Field	Type	Null	Key	Default	Extra
DepartNo	<MEMO>	NO		<NULL>	
DepartName	<MEMO>	NO		<NULL>	

图 5-3 department 表结构

【问题 5.5】使用 phpMyAdmin 工具创建 course 表（详细设计见表 5-3）。（未创建基于 DepartNo 列的外键约束。这里不支持对列值范围检查的约束）。

步骤如下：

① 在 PhpStudy 主页面下，单击“环境”，然后单击右侧“数据库工具（web）”“管理”按钮，打开 phpMyAdmin 登录界面，使用 root 账户登录。

② 展开左侧数据库“xk”，单击“新建”，在“数据表名”中 输入 course。

③ 然后在添加栏里输入 6，单击右侧的“执行”按钮。

④ 按照表 5-3 表的定义依次完成对 CouNo 等 10 列的定义。首先定义 CouNo 列，在“名字”栏中输入 CouNo，在“类型”下拉列表中选择 CHAR。“空”属性采用默认的“不允许为空”。CouNo 为表的主键约束，在“索引”下拉列表中选择 PRIMARY，在出现的“添加索引”对话框中，单击“执行”按钮。

⑤ 然后依次完成 CouName、Kind 两列的定义。

⑥ 定义 Credit 列，在“类型”中选择 DECIMAL，在“长度”栏中输入 2,1。

⑦ 定义 Teacher 列。定义列名和数据类型后，在“默认”栏选择“定义：”，然后在新增加的栏中输入“待定”。这样该列在未输入值时会自动赋予“待定”。

⑧ 依次完成 DepartNo、SchoolTime、LimitNum、WillNum、ChooseNum 这些列的定义。

⑨ 存储引擎采用默认的“InnoDB”，如图 5-4 所示。

⑩ 单击右下角的“执行”按钮，完成 course 表的创建，显示结果如图 5-5 所示。此时还可根据需要进行修改和删除。

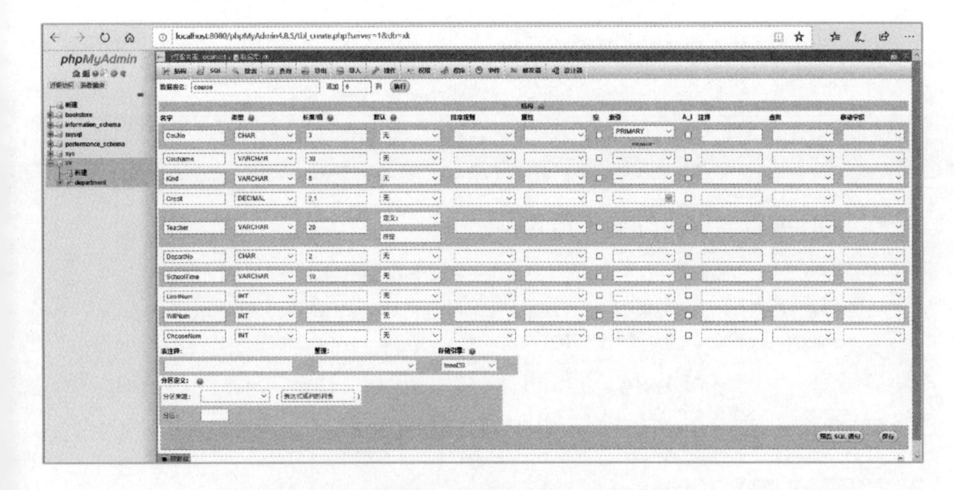

图 5-4　phpMyAdmin 创建 course 表的定义界面

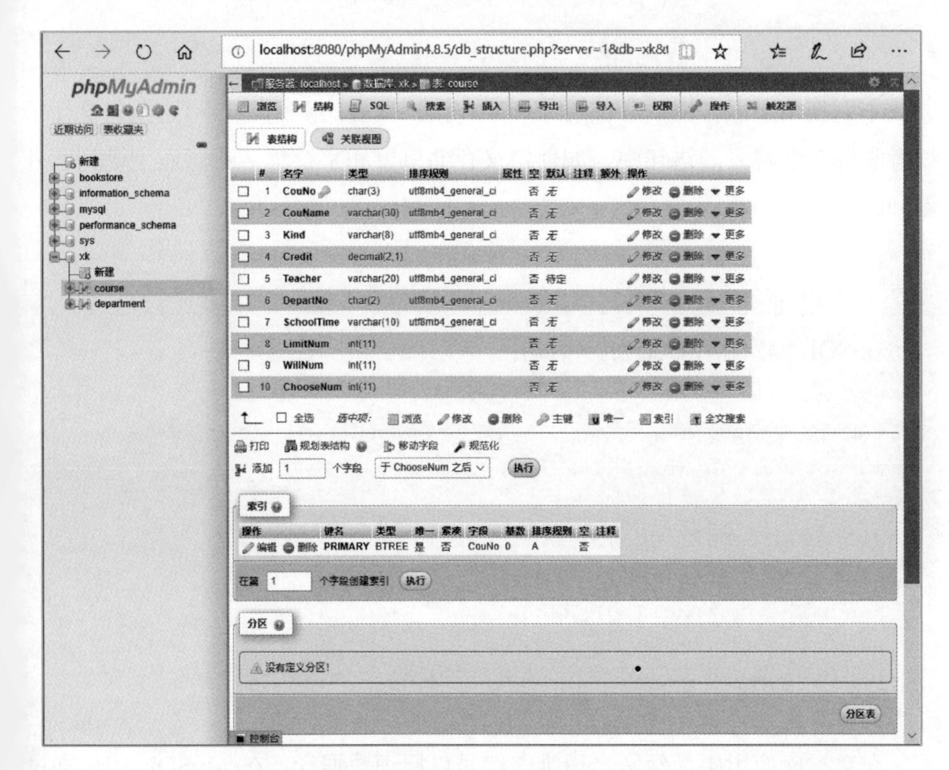

图 5-5　成功创建 course 表之后的界面

【问题 5.6】使用 **CREATE TABLE** 语句完成 **class** 表（详细设计见表 **5-4**）的创建。创建表时同时定义 **ClassNo** 为主键约束。未创建外键约束。

在 SQL 编辑器中执行如下语句：

```
USE xk;
CREATE TABLE class
(classNo CHAR(8) NOT NULL PRIMARY  KEY,
```

```
className VARCHAR(20) NOT NULL,
DepartNo CHAR(2) NOT NULL);
```

【问题 5.7】使用 CREATE TABLE 语句创建 student 表（详细设计见表 5-5）。在创建表时同时创建主键约束和外键约束。

在 SQL 编辑器中执行如下语句：

```
USE xk;
CREATE TABLE student
(StuNo varchar(8) NOT NULL,
StuName varchar(10) NOT NULL,
classNo varchar(8) NOT NULL,
Pwd varchar(8) NOT NULL,
PRIMARY KEY (StuNo),
FOREIGN KEY (classNo)  REFERENCES class(classNo))
ENGINE=InnoDB
CHARACTER SET utf8mb4 COLLATE utf8mb4_general_ci;
```

本题使用了服务器的存储引擎和字符集，可省略后两句。写这两句是便于读者掌握在创建表的语句中，如何定义存储引擎和字符集。注意，主键列和外键列的字符集需相同。

【问题 5.8】使用 CREATE TABLE 语句创建 stucou 表（详细设计见表 5-6），创建表时同时创建主键约束和外键约束，定义外键列值参照主键列值，在操纵数据违反表之间参照完整性时，会拒绝其操作。

在 SQL 编辑器中执行如下语句：

```
USE xk;
CREATE TABLE  stucou
(StuNo varchar(8) NOT NULL,
CouNo varchar(3) NOT NULL,
WillOrder smallint NOT NULL,
State varchar(2) NOT NULL,
RandomNum varchar(50) NULL,
PRIMARY KEY (StuNo,CouNo),
FOREIGN KEY (StuNo)  REFERENCES student (StuNo),
FOREIGN KEY (CouNo)  REFERENCES course (CouNo));
```

在数据库应用中，经常会用唯一编号以标识数据行，在 MySQL 中可通过数据列的 AUTO_INCREMENT 属性来自动生成。

在为数据库表添加数据行时，AUTO_INCREMENT 属性的列值会自动生成唯一值。每个表只能有一个 AUTO_INCREMENT 属性列，该列的数据类型须为整数类型，它经常被指定为主键。

【问题 5.9】（知识点）在 xk 数据库中创建 book 表，该表只有两列：bookID 为 AUTO_INCREMENT 属性列，初值为 1，增量为 1；BookName 为字符型，长度为 30，不允许为空；存储引擎为 MyISAM，字符集为 gbk。

使用CREATE TABLE语句创建book表，并定义bookID为AUTO_INCREMENT属性列（第 1 行该列值为 1，第 2 行该列值为 2，……）。

在 SQL 编辑器中执行如下语句：

```
USE xk;
CREATE TABLE book
(bookID Int(2)  PRIMARY KEY  AUTO_INCREMENT,
BookName VARCHAR(30) NOT NULL)
ENGINE=MyISAM
CHARACTER SET gbk COLLATE gbk_chinese_ci ;
```

任务 5.3　查看表

查看表有如下多种方法：

（1）直接在图形界面下单击表，查看表的键约束和表列。

（2）使用 SHOW CREATE TABLE table_name 查看表定义、存储引擎和字符集。

（3）使用 DESCRIBE table_name 查看表结构。

（4）使用 SHOW TABLES 查看当前数据库中有哪些表。

【问题 5.10】显示 xk 数据库中有哪些表。

在 SQL 编辑器中执行如下语句：

```
SHOW TABLES;
```

任务 5.4　修改表

在创建表之后，可以根据实际需要对表进行修改，如：给表增加或删除主、外键约束，增加或删除唯一约束、默认约束，修改表存储引擎、字符集，新增列或删除列，修改列定义，重命名列名或表名等。

使用 ALTER TABLE 语句修改表，添加或删除主键约束语法格式：

```
ALTER TABLE 表名
ADD PRIMARY KEY (列名,...)  /*添加主键*/
| ADD UNIQUE [索引名] (列名,...)   /*添加唯一约束*/
| DROP PRIMARY KEY           /*删除主键约束*/
| DROP INDEX 索引名      /*删除索引*/
```

增加主键约束

【问题 5.11】在 department 表中基于 DepartNo 列创建主键约束。

在 SQL 编辑器中执行如下语句：

```
USE xk;
ALTER TABLE department
ADD PRIMARY KEY(DepartNo);
```

可以使用 SHOW CREATE TABLE department; 查看表结构和创建的主键约束。

增加外键约束

使用 ALTER TABLE 语句修改表，添加外键约束语法格式：

```
ALTER TABLE 子表名
ADD FOREIGN KEY (列名)
REFERENCES 父表名 [(列名 [(长度)] [ASC | DESC],...)]
[ON DELETE  {RESTRICT | CASCADE | SET NULL | NO ACTION}]
[ON UPDATE  {RESTRICT | CASCADE | SET NULL | NO ACTION}]
```

说明：ON DELETE| ON UPDATE：定义外键参照应用的语句（DELETE 或 UPDATE）。参照动作有四种：RESTRICT、CASCADE、SET NULL、NO ACTION。

RESTRICT：当 DELETE 或 UPDATE 父表中主键值在子表外键中存在时，拒绝 DELETE 或 UPDATE 操作。

CASCADE：当 DELETE 或 UPDATE 父表中主键值在子表外键中存在时，自动 DELETE 或 UPDATE 子表中匹配的外键值。

SET NULL：当 DELETE 或 UPDATE 父表中主键值在子表外键中存在时，将子表中与之匹配的外键值置为 NULL。

```
NO ACTION：作用同 RESTRICT。
```

如果没有指定参照动作，默认使用 RESTRICT。

【问题 5.12】在 course 表中基于 DepartNo 列创建外键约束，该列值参照 department 表的 DepartNo 列值。当 department 删除或修改数据行时，如果与之匹配的 DepartNo 列值在 course 中存在，则拒绝对 department 的删除或修改操作。

在 SQL 编辑器中执行如下语句：

```
USE xk;
ALTER TABLE course
ADD FOREIGN KEY(DepartNo)
REFERENCES department(DepartNo);
```

【问题 5.13】在 class 表中基于 DepartNo 列创建外键约束，该列值参照 department 表的 DepartNo 列值。当 department 删除或修改数据行时，自动删除或修改 class 表中与 DepartNo 列值相匹配的数据行。

在 SQL 编辑器中执行如下语句：

```
USE xk;
ALTER TABLE class
ADD FOREIGN KEY(DepartNo)
REFERENCES department(DepartNo)
ON DELETE CASCADE
ON UPDATE CASCADE;
```

增加唯一约束

唯一（UNIQUE）约束用来约束表中某列的值唯一。语句格式：

```
ALTER TABLE table_name ADD UNIQUE U_Inx_name(column_name);
```

【问题 5.14】在 course 表中，创建基于 CouName 列、名为 U_Inx 的唯一约束，以保证 CouName 列值唯一。

在 SQL 编辑器中执行如下语句：

```
ALTER TABLE course ADD UNIQUE U_Inx(CouName);
```

增加默认约束

语句格式：ALTER TABLE table_name ALTER 列名 SET DEFAULT default_value；注意 default_value 不能为函数。

【问题 5.15】在 stucou 表中，创建基于 State 列（NOT NULL）的默认约束，该列在不输入数据时会自动赋予值“报名”。

在 SQL 编辑器中执行如下语句：

```
ALTER TABLE stucou ALTER State SET DEFAULT '报名';
```

【问题 5.16】在 course 表中，创建基于 Teacher 列（NOT NULL）的默认约束，该列在不输入数据时会自动赋予值“待定”。

在 SQL 编辑器中执行如下语句：

```
ALTER TABLE course ALTERTeacher SET DEFAULT '待定';
```

增加检查约束

检查（CHECK）约束用来检查列值的有效范围。

【问题 5.17】在 stucou 表中，基于 State 列创建检查约束，State 值只允许为“报名”或“选中”。

在 SQL 编辑器中执行如下语句：

```
ALTER TABLE  stucou ADD CHECK(State="报名" OR State="选中");
```

【问题 5.18】在 stucou 表中，基于 WillOrder（自愿号）列创建检查约束，该列值允许为 1、2、3、4、5。

在 SQL 编辑器中执行如下语句：

```
ALTER TABLE  stucou ADD CHECK(WillOrder IN(1,2,3,4,5));
```

MySQL 目前版本不支持检查约束。上述语句可以执行，但在数据库中并未创建。

删除外键约束

语句格式：ALTER TABLE 表名 DROP FOREIGN KEY 外键约束名;

【问题 5.19】删除 stucou 表中基于 CouNo 列创建的外键约束（参见【问题 5.8】）。

首先查询基于 CouNo 列、创建外键时系统自动生成的外键约束名。

查看 xk 数据库约束的 SQL 语句如下。

在 SQL 编辑器中执行如下语句：

```
SELECT * FROM INFORMATION_SCHEMA.KEY_COLUMN_USAGE
WHERE CONSTRAINT_SCHEMA='xk';
```

执行结果如图 5-6 所示，基于 CouNo 列所创建的外键约束名为 stucou_ibfk_2。

CONSTRAINT_CATALOG	CONSTRAINT_SCHEMA	CONSTRAINT_NAME	TABLE_CATALOG	TABLE_SCHEMA	TABLE_NAME	COLUMN_NAME
def	xk	PRIMARY	def	xk	book	bookID
def	xk	PRIMARY	def	xk	class	classNo
def	xk	class_ibfk_1	def	xk	class	DepartNo
def	xk	course_ibfk_1	def	xk	course	DepartNo
def	xk	PRIMARY	def	xk	course	CouNo
def	xk	U_INX	def	xk	course	CouName
def	xk	PRIMARY	def	xk	department	DepartNo
def	xk	stucou_ibfk_1	def	xk	stucou	StuNo
def	xk	stucou_ibfk_2	def	xk	stucou	CouNo
def	xk	PRIMARY	def	xk	stucou	CouNo
def	xk	PRIMARY	def	xk	stucou	StuNo
def	xk	PRIMARY	def	xk	student	StuNo
def	xk	student_ibfk_1	def	xk	student	ClassNo

图 5-6 查看 stucou 表的 CouNo 列的外键约束名

```
ALTER TABLE stucou DROP FOREIGN KEY stucou_ibfk_2;
```

执行该语句后将删除名字为 stucou_ibfk_2 的外键约束。

删除主键约束

除非必要，否则不要删除主键约束。删除主键约束之前需删除外键约束。

语句格式：ALTER TABLE table_name DROP PRIMARY KEY;

【问题 5.20】删除 course 表的主键约束。

在 SQL 编辑器中执行如下语句：

```
ALTER TABLE course DROP PRIMARY KEY;
```

执行该语句则删除了 course 表的主键约束。

为保证 course 表与 stucou 表之间的参照完整性，完成此题后请立即恢复 course 表的主键约束、stucou 表上基于 CouNo 列的外键约束。

删除唯一约束

语句格式：ALTER TABLE table_name DROP INDEX unique_name;

【问题 5.21】在 course 表中，删除基于 CouName 列创建的唯一约束 U_INX。

在 SQL 编辑器中执行如下语句：

```
ALTER TABLE course DROP INDEX U_INX;
```

【为保证本书的连贯性，删除后请按原样恢复。】

删除默认约束

语句格式：ALTER TABLE table_name ALTER columu_name DROP DEFAULT;

【问题 5.22】在 stucou 表中，删除基于 State 列创建的默认约束。

在 SQL 编辑器中执行如下语句：

```
ALTER TABLE stucou ALTER State DROP DEFAULT;
```

【为保证本书的连贯性，删除后请按原样恢复。】

修改表存储引擎和字符集

可以使用 ALTER TABLE 语句修改表的存储引擎和字符集。

【问题 5.23】使用 ALTER TABLE 语句修改 book 表的存储引擎为 InnoDB、字符集为 utf8mb4。

在 SQL 编辑器中执行如下语句：

```
USE xk;
ALTER TABLE book CONVERT TO CHARACTER SET utf8mb4;
ALTER TABLE book ENGINE = InnoDB;
```

ALTER TABLE 也可用于更改原有表的结构。例如，可增加或删除列、创建或删除索引、修改原有列的类型、重新命名列或表名等。语法格式：

```
ALTER TABLE 表名
ADD [COLUMN] 列定义  [FIRST | AFTER 列名]        /*添加列*/
| ALTER [COLUMN] 列名 {SET DEFAULT 默认值| DROP DEFAULT}
                                                 /*修改默认值*/
| CHANGE [COLUMN] 旧列名 列定义      /*对列重命名*/
      [FIRST|AFTER 列名]
| MODIFY [COLUMN] 列定义 [FIRST | AFTER 列名] /*修改列类型*/
| DROP [COLUMN] 列名       /*删除列*/
| RENAME [TO] 新表名       /*重命名该表*/
```

增加列

【问题 5.24】在 student 表中增加 2 列：生日列 birthday，数据类型为日期型，值允许为空；照片列 photo，数据类型为 Blob。

使用 ALTER TABLE 语句修改已创建的 student 表。在 SQL 编辑器中执行如下语句：

```
USE xk;
ALTER TABLE student
ADD birthday DATETIME NULL, ADD photo BLOB NULL;
```

如果将新增加的列添加到表的首列，须在语句末尾增加 FIRST。如果在某列后新增一列，需在语句的末尾增加 AFTER 指定的列名。

【问题 5.25】修改 book 表，新增加 2 列：author 列，Char(20)，值允许为空；publisher 列，Varchar(40)，值允许为空。author 列为表中的首列，publisher 列在 bookID 列之后。

在 SQL 编辑器中执行如下语句：

```
USE xk;
ALTER TABLE book
ADD author Char(20) NULL FIRST, ADD publisher Varchar(40) NULL
AFTER bookID;
```

【注意】必须允许新增列值为空，否则表中已有数据行的那些新增列值为空，与新增列不允许为空相矛盾，导致新增列操作失败。

删除列

【问题 5.26】删除 student 表的生日列 birthday。

在 SQL 编辑器中执行如下语句：

```
ALTER TABLE student
DROP  COLUMN birthday;
```

修改列数据类型

【问题 5.27】修改 book 表的 author 列的长度为 30。

在 SQL 编辑器中执行如下语句：

```
ALTER TABLE book
MODIFY author Char(30) NULL;
```

【注意】修改列定义时，如果修改列定义的长度小于原定义长度，或者修改成其他数据类型，会有丢失数据的可能。

修改列名

语句：ALTER TABLE table_name CHANGE column_name new_column_name datatype;

【问题 5.28】修改 book 表的 author 列名为 BookAuthor。

在 SQL 编辑器中执行如下语句：

```
ALTER TABLE book CHANGE  author BookAuthor VARCHAR(30);
```

修改列名及数据类型

语句：ALTER TABLE table_name CHANGE column_name new_column_name datatype。

【问题 5.29】修改 book 表 publish 列名为 publisher，数据类型为 VARCHAR(50)。

在 SQL 编辑器中执行如下语句：

```
ALTER TABLE book CHANGE  publish publisher VARCHAR(50);
```

调整列顺序

可以根据需要调整表中列的顺序，如将某列调整到首列。语句为：

```
ALTER TABLE table_name MODIFY column_name datatype FIRST;
```

将列名 A 调整到列名 B 之后的语句为：

```
ALTER TABLE table_name MODIFY column_nameA datatype AFTER column_nameB;
```

【问题 5.30】将 **book** 表中的 **bookID** 调整到首列。

在 SQL 编辑器中执行如下语句：

```
ALTER TABLE book MODIFY bookID Int(2) FIRST;
```

【问题 5.31】将 **book** 表中的 **BookName** 调整到首列（**bookID**）之后。

在 SQL 编辑器中执行如下语句：

```
ALTER TABLE book MODIFY BookName Varchar(30) AFTER bookID;
```

修改表名

语句：ALTER TABLE old_tablename RENAME new_tablename;

【问题 5.32】将 **book** 表名修改为 **Mybook**。

在 SQL 编辑器中执行如下语句：

```
ALTER TABLE book RENAME Mybook;
```

任务 5.5 复制表结构

可以将表结构复制到一个新表中（复制前并不存在）；也可以将表结构及其数据复制到一个新表中。

复制表结构到新表中

语句格式：CREATE TABLE new_tablename LIKE table_name;

【问题 5.33】将 **class** 表结构复制到 **MyTab** 中。

在 SQL 编辑器中执行如下语句：

```
CREATE TABLE MyTab  LIKE class;
```

复制表结构及数据到新表中

语句格式：

```
CREATE TABLE new_tablename
AS (SELECT * FROM  table_name);
```

【问题 5.34】将 **department** 表结构及数据复制到 **MyDepart** 表中。

在 SQL 编辑器中执行如下语句：

```
CREATE TABLE MyDepart
AS (SELECT * FROM  department);
SHOW TABLES;
```

任务 5.6 删除表

将一个表从数据库中删除时，表结构及表中数据都会被一并删除，并且不会对删除操作进行确认，所以需谨慎。

删除表基本语法：DROP TABLE table_name

【问题 5.35】删除 xk 数据库中的 Mybook 表、MyTab 表和 MyDepart 表。

在 SQL 编辑器中执行如下语句：

```
DROP TABLE Mybook,MyTab,MyDepart;
```

单元小结

在本单元:

- 了解存储引擎和表物理文件存储位置。
- 了解 MySQL 数据类型。
- 对空值有进一步的认识和了解。建议尽量不要允许列值为空。
- 掌握详细设计表的技术。
- 学会使用 CREATE TABLE 创建表。
- 学会使用 phpMyAdmin 创建表。
- 学会使用 SHOW CREATE TABLE 语句和 DESCRIBE 查看表。
- 学会使用 SHOW TABLES 查看数据库中有哪些表。
- 学会使用 ALTER TABLE 语句修改表结构、修改表名、列名。
- 学会增加或删除主键约束、外键约束、唯一约束、默认约束。
- 学会使用查看外键名。
- 学会使用 DROP TABLE 语句删除表。
- 学会复制表结构到新表中。
- 学会复制表结构及数据到新表中。

思考与练习

1. 谈谈对项目开发中如何选择适合的数据类型和长度，以及是否允许空值。
2. 唯一键与主键的区别是什么？
3. 一般在什么情况下使用默认值？
4. 一般在什么情况下使用检查约束？

实训 参考答案

实训

本书的实训项目都是围绕 Sale 数据库展开的，进销存系统通常包括客户资料、产品信息、进货记录、销售记录等。所以针对 Sale 数据库，设计了表 5-7～表 5-10，并将在后续单元逐步完善。请使用 SQL 语句，按照表设计，在 Sale 数据库下：

1．创建客户表、产品表、入库表和销售表。

2．表中如有主键、外键，请在备注栏中标出。

3．使用 ALTER TABLE 语句为 Customer 表、Product 表增加主键，为 ProIn 表、ProOut 表增加外键。

4．对产品表 Product 的 Price 列值进行检查约束，使其值必须大于 0。

请将以上脚本保存到一个.txt 文件中。

表 5-7 Customer（客户表）结构

列　名	数据类型及长度	是否允许为空	备　注
CusNo	VARCHAR（3）	NOT NULL	客户编号
CusName	VARCHAR（10）	NOT NULL	客户姓名
Address	VARCHAR（20）	NULL	地址
Tel	VARCHAR（20）	NULL	联系电话

表 5-8 Product（产品表）结构

列　名	数据类型及长度	是否允许为空	备　注
ProNo	VARCHAR（5）	NOT NULL	产品编号
ProName	VARCHAR（20）	NOT NULL	产品名
Price	Decimal（8,2）	NOT NULL	单价
Stocks	Decimal（8,0）	NOT NULL	库存数量

表 5-9 ProIn（入库表）结构

列　名	数据类型及长度	是否允许为空	备　注
InID	AUTO_INCREMENT	NOT NULL	初值为 1，增量为 1
InputDate	DateTime	NOT NULL	入库日期
ProNo	VARCHAR（5）	NOT NULL	产品编号
Quantity	Decimal（6,0）	NOT NULL	入库数量

表5-10 ProOut（销售表）结构

列　　名	数据类型及长度	是否允许为空	备　　注
OutID	AUTO_INCREMENT	NOT NULL	初值为1，增量为1
SaleDate	DateTime	NOT NULL	销售日期
CusNo	VARCHAR（3）	NOT NULL	客户编号
ProNo	VARCHAR r（5）	NOT NULL	产品编号
Quantity	Decimal（6,0）	NOT NULL	销售数量

单元 6

维护表数据

【知识目标】

■ 掌握向表中插入、修改和删除数据的方法。

【技能目标】

■ 会使用 INSERT 语句向数据表添加数据。
■ 会将查询结果保存到表中。
■ 会使用 MySQL-Front 维护表中数据。
■ 会使用 UPDATE 语句修改表中数据。
■ 会使用 DELETE 语句删除表中数据。

小赵需要维护选课数据库 xk 中的数据，需要向数据表中插入数据、修改或删除数据。

任务 6.1 插入数据行

使用 SQL 语言不仅可以查询表中的数据，还可以对表中的数据进行维护，包括向表中插入数据行、修改或删除表中数据。

可以使用 INSERT 语句、REPALCE 语句或 MySQL-Front 向表中插入一行或多行数据。插入添加表中所有列的数据时，在 INSERT 语句中可略去列名。

【注意】对于 AUTO_INCREMENT 属性列和 timestamp 的列，系统自动赋值。

插入完整数据行

使用 INSERT 语句向一个表中插入完整数据行，它包含表中全部列。在 INSERT INTO 语句中不需要给出列名。

【问题 6.1】向 class 表中插入一行数据。班级编号为“20190101”，班级名称为“19 大数据 1”，部门编号为“01”。

微课
维护表数据

在 SQL 编辑器中执行如下语句：

```
USE xk;
INSERT INTO class VALUES('20190101','19 大数据 1','01');
SELECT * FROM class;
```

插入数据行的部分列

表中有允许为空的列或有默认约束的列，在使用 INSERT 语句插入数据行时，可以只插入不允许为空且无默认约束的那些列值，有默认约束的列会自动赋予默认值。

【问题 6.2】现有学号为“000031”的学生，以第 1 志愿报名课程号为“001”的课程。请在数据库中进行处理。

stucou 表有 5 列，State 列不允许为空且已约束有默认值“报名”。RandomNum 列允许为空。插入数据行时，只需要插入 3 列（StuNo、CouNo、WillOrder）的值。

在 SQL 编辑器中执行如下语句：

```
INSERT INTO stucou(StuNo,CouNo,WillOrder) VALUES('000031','001',1);
SELECT * FROM stucou WHERE StuNo='000031';
```

插入多条完整数据行

【问题 6.3】向 department（部门表）添加 3 个部门:数学系、部门编号 11，物理系、部门编号 12，化学系、部门编号 13。

向 department 表中添加所有列的数据。

在 SQL 编辑器中执行如下语句：

```
USE xk;
INSERT INTO department VALUES
('11','数学系'),
('12', '物理系'),
('13','化学系');
SELECT * FROM department;
```

执行结果如图 6-1 所示。

DepartNo	DepartName
01	计算机应用工程系
02	建筑工程系
03	旅游系
11	数学系
12	物理系
13	化学系

图 6-1　使用 INSERT 语句向表中添加三行数据

插入多条数据行部分列

【问题 6.4】现有 3 名同学报名选修课，学号为“00000017”的同学分别以第 4 志愿、第 5 志愿，报名课程号分别为“001”“002”的课程；学号为“00000020”的同学分别以第 4 志愿、第 5 志愿报名课程号分别为“003”“005”的课程；学号为“00000022”的同学，分别以第 2～第 5 志愿，报名“001”“004”“002”“005”的课程。请在数据库中进行处理。

在 SQL 编辑器中执行如下语句：

```
USE xk;
INSERT INTO stucou(StuNo,CouNo,WillOrder) VALUES
('00000017','001',4),
('00000017','002',5),
('00000020','003',4),
('00000020','005',5),
('00000022','001',2),
('00000022','004',3),
('00000022','002',4),
('00000022','005',5);
SELECT * FROM stucou WHERE StuNo IN('00000017','00000020','00000022');
```

插入图片类型数据

开发网站时，通常需要存储图片。MySQL 提供在定义为 blob 数据类型的列中存储图片，通常存储的是图片文件所在的路径。

【问题 6.5】学号为“02000061”同学的图片文件 641.jpg 存储在 C:\Users\xu\Pictures\目录下。现在向 student 表中插入该同学数据，名字为“李晓莉”，班级编号为“20190101”，选课密码为“9F729870”。

在 SQL 编辑器中执行如下语句：

```
USE xk;
INSERT INTO student VALUES('02000061','李晓莉','20190101',
'9F729870','C:/Users/xu/Pictures/641.jpg');
SELECT * FROM student WHERE StuNo>='02000050' AND StuNo
<='02000061';
```

执行结果如图 6-2 所示。

StuNo	StuName	ClassNo	Pwd	photo
02000050	曾丽彬	20020005	6CD25A67	<NULL>
02000051	陈敏霞	20020006	55B38E37	<NULL>
02000052	贺丽好	20020006	DC40C851	<NULL>
02000053	岳丽琼	20020006	B44D5232	<NULL>
02000054	刘志伟	20020006	B029CF12	<NULL>
02000055	丁玉明	20020006	83463460	<NULL>
02000056	郭瑜琳	20020006	427FD9A6	<NULL>
02000057	陈雯	20020006	17E47B68	<NULL>
02000058	苏晓华	20020006	B97EEBAF	<NULL>
02000059	简小艳	20020006	C4DE4AE4	<NULL>
02000060	欧春妮	20020006	9F729870	<NULL>
02000061	李晓莉	20190101	9F729870	<BLOB>

图 6-2 photo 列显示 BLOB 表示已存储图片的路径

任务 6.2 保存查询结果到表中

在 MySQL 中，通过 SQL 语句 INSERT INTO 除了可以将数据插入表中外，还可以将查询结果保存到另一个表中。

【问题 6.6】将部门为“计算机应用工程系”的学生信息（学号、姓名、班级）保存到 MyDepartStu 表中。

首先，在 xk 数据库中创建 MyDepartStu 表。

在 SQL 编辑器中执行如下语句：

```
USE xk;
CREATE TABLE MyDepartStu
(StuNo Char(8) NOT NULL PRIMARY KEY,
StuName VarChar(10) NOT NULL,
ClassName VarChar(20) NOT NULL);
```

使用 INSERT INTO 语句将查询结果保存到 MyDepartStu 表中。

在 SQL 编辑器中执行如下语句：

```
INSERT INTO MyDepartStu
```

```
   SELECT student.StuNo,StuName,ClassName
   FROM student,class,department
   WHERE student. classNo=class. classNo AND class.DepartNo=
department.DepartNo AND DepartName="计算机应用工程系";
   SELECT * FROM MyDepartStu;
```

MyDepartStu 表中的数据如图 6-3 所示。

StuNo	StuName	ClassName
00000001	林斌	00电子商务
00000002	彭少帆	00电子商务
00000003	曾敏馨	00电子商务
00000004	张晶晶	00电子商务
00000005	曹业成	00电子商务
00000006	甘蕾	00电子商务
00000007	凌晓文	00电子商务
00000008	梁亮	00电子商务
00000009	陈燕珊	00电子商务
00000010	韩霞	00电子商务
00000011	朱川	00多媒体
00000012	杜晓静	00多媒体
00000013	黄元科	00多媒体

图 6-3　MyDepartStu 表中的数据

【问题 6.7】将“00 电子商务”班同学选课情况存储到 MyClass 表中，选课情况包括学号、姓名、课程编号、课程名称、报名状态和志愿号，要求按照学号升序排序，学号相同时，按照选课志愿升序排序。

首先创建 MyClass 表。

在 SQL 编辑器中执行如下语句：

```
   CREATE TABLE MyClass
   (StuNo CHAR(8) NOT NULL,
    StuName VARCHAR(10) NOT NULL,
    CouNo CHAR(3) NOT NULL,
    CouName VARCHAR(30) NOT NULL,
    State VARCHAR(2) NOT NULL ,
    WillOrder SMALLINT NOT NULL);
```

现在，将查询结果插入到 MyClass 表中。

```
   INSERT INTO MyClass(StuNo,StuName,CouNo,CouName,State,WillOrder)
   SELECT student.StuNo,StuName,course.CouNo,CouName,State,
WillOrder
   FROM student,course,stucou,class
   WHERE student.StuNo=stucou.StuNo AND course.CouNo=stucou.CouNo
AND ClassName='00 电子商务' AND class.ClassNo=student.ClassNo
   ORDER BY student.StuNo,WillOrder;
   SELECT * FROM MyClass;
```

MyClass 表中的数据如图 6-4 所示。

StuNo	StuName	CouNo	CouName	State	WillOrder
00000001	林斌	001	SQL Server实用技术	报名	1
00000001	林斌	018	中餐菜肴制作	报名	2
00000001	林斌	003	网络信息检索原理与技术	报名	3
00000001	林斌	002	JAVA技术的开发应用	报名	4
00000001	林斌	017	世界旅游	报名	5
00000002	彭少帆	001	SQL Server实用技术	报名	1
00000002	彭少帆	018	中餐菜肴制作	报名	2
00000002	彭少帆	008	ASP.NET应用	报名	3
00000002	彭少帆	004	Linux操作系统	报名	4
00000003	曾敏馨	009	水资源利用管理与保护	报名	1
00000003	曾敏馨	002	JAVA技术的开发应用	报名	2
00000003	曾敏馨	003	网络信息检索原理与技术	报名	3
00000004	张晶晶	018	中餐菜肴制作	报名	1
00000004	张晶晶	005	Premiere6.0影视制作	报名	2
00000004	张晶晶	013	房地产漫谈	报名	3
00000005	曹业成	018	中餐菜肴制作	报名	1
00000005	曹业成	004	Linux操作系统	报名	2
00000005	曹业成	017	世界旅游	报名	3

图 6-4 MyClass 表中的数据

任务 6.3 使用图形界面维护数据

使用 MySQL-Front 可以很方便地在图形界面下插入、修改或删除数据。具体步骤如下。

① 单击 xk 数据库中要维护数据的表（如 class），单击右侧第三行“数据浏览器”，此时显示该表中所有的数据。

② 在要插入数据行的位置单击鼠标右键，可根据需要选择“插入记录”（单击下一行则取消插入操作）输入数据，选择“编辑”命令则可以修改数据，选择“删除记录”命令则可以删除数据行，如图 6-5 所示。一旦违反参照完整性约束，会导致维护操作失败。

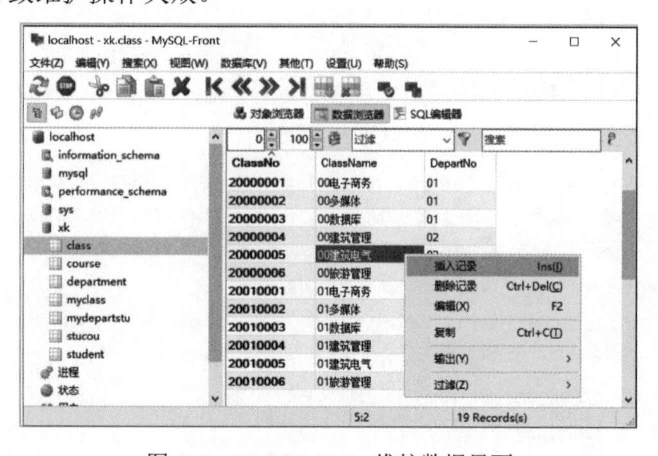

图 6-5 MySQL-Front 维护数据界面

任务 6.4　更新数据行

更新特定数据行

UPDATE 语句用来更新单个表或多个表中的数据，一次可以更新一行数据，也可以更新多行，甚至可以一次更新表中所有数据行。UPDATE 语句语法如下：

```
UPDATE  表名列表
SET 列名 1=表达式 1[,列名 2=表达式 2...]
[WHERE 条件]
```

【注意】方括号中的内容为可选项。更新后的值可以是常量，也可以是指定的表达式。WHERE 子句限制要更新哪些数据行，如果缺少 WHERE 子句，则更新表中所有数据行。如果更新涉及多个表，需要在 WHERE 子句中给出表之间连接条件。

使用 UPDATE 语句更新数据时，如果破坏了数据完整性，则更新操作会失败。

【问题 6.8】将 course 表“电子出版概论”课程的上课时间修改为“周二晚”。

在 SQL 编辑器中执行如下语句：

```
USE xk;
UPDATE course
SET SchoolTime='周二晚'
WHERE CouName='电子出版概论'
```

查看 course 表，可以看到已完成数据的更新。

【问题 6.9】修改 course 表，将课程编号为“016”的课程名称修改为“旅行社经营管理技术”，将限选人数修改为 40。

在 SQL 编辑器中执行如下语句：

```
UPDATE course
SET CouName='旅行社经营管理技术',LimitNum=40
WHERE CouNo='016';
```

【问题 6.10】将“01 数据库”班级所有学生的选课密码初始化为“#*3456”。

在 SQL 编辑器中执行如下语句：

```
UPDATE student,class
SET Pwd='#*3456'
WHERE class.classNo=student.classNo AND className='01 数据库';
```

更新所有数据行

【问题 6.11】更新 course 表，将所有课程的限选人数都增加 40 人。

在 SQL 编辑器中执行如下语句：

```
UPDATE course
SET LimitNum=LimitNum+40;
```

执行语句后，更新了 course 表中的所有数据行中的 LimitNum 列值。

任务 6.5 删除数据行

DELETE 语句用来从表中删除数据，可以删除特定数据行，也可以删除表中所有数据行。DELETE 语句的语法：

```
DELETE  FROM  表名
[WHERE 条件]
```

删除特定数据行

【问题 6.12】学生“'00000022”因故取消选修的“005”课程。请在表中删除该行数据。

在 SQL 编辑器中执行如下语句：

```
USE xk;
DELETE FROM stucou
WHERE StuNo='00000022' AND CouNo='005';
SELECT * FROM stucou WHERE StuNo='00000022';
```

【问题 6.13】学号为“00000005”的同学因故取消课程编号为“017”的选修课。现在需要在数据库中进行处理。

该题首先需要在 stucou 表中删除“00000005”同学选修的“017”课程，然后在 course 表中将“017”课程的报名人数减 1。

在 SQL 编辑器中执行如下语句：

```
USE xk;
DELETE FROM stucou
WHERE StuNo='00000005' AND CouNo='017';
UPDATE course
SET WillNum=WillNum-1
WHERE CouNo='017';
```

刷新后，可以看到已按要求处理完表中数据。

【问题 6.14】现有学号为“00000005”的同学，因故取消“中餐菜肴制作”选修课。需要在数据库中进行处理。

该题首先删除 stucou 表中学号为“00000005”且课程名为“中餐菜肴制作”的数据行，因课程名在 course 表中，所以本题的删除涉及 stucou 和 course 两个表，需要写表之间的连接条件：stucou.CouNo=course.CouNo。

然后将 course 表中“中餐菜肴制作”课程的报名人数减 1。

该题涉及多个表的删除，DELETE 语句之后为删除数据的表名。

在 SQL 编辑器中执行如下语句：

```
DELETE stucou
FROM stucou,course
WHERE stucou.StuNo='00000005' AND CouName='中餐菜肴制作' AND
     stucou.CouNo=course.CouNo;
UPDATE course
SET WillNum=WillNum-1
WHERE CouName ='中餐菜肴制作';
```

删除所有数据行

可以使用 DELETE table_name 删除表中所有数据，表的结构依然还存在。

【问题 6.15】删除数据库 xk 中 mydepartstu 表的所有数据。

在 SQL 编辑器中执行如下语句：

```
USE xk;
DELETE FROM mydepartstu;
```

单元小结

在本单元：

- 会使用 INSERT 语句向表中插入数据。
- 会使用 MySQL-Front 维护表中数据。
- 会使用 UPDATE 语句更新表中数据。
- 会使用 DELETE 语句删除表中数据。
- 会将查询结果保存到表中。

思考与练习

1．向表中添加数据行有几种方法？各有什么不同？
2．更新表中数据行需要使用哪个语句？请写出语句结构。
3．删除表中数据行需要使用哪个语句？请写出语句结构。

实训

请写出实现如下功能的 SQL 语句。

1．学号为“00000025”的学生第 1、2 志愿分别报名选修“001”“002”课程，请在 xk 数据库中进行处理。

2．删除学号为“00000025”的学生的选课报名信息。

3．将“00 多媒体”班的“杜晓静”的名字修改为“杜小静”。

实训 参考答案

4．“00电子商务”班的“林斌”申请将已选修的“网络信息检索原理与技术”课程修改为“Linux操作系统”。

5．向Sale数据库中的表输入表6-1～表6-4中的数据。

表6-1 Customer（客户表）数据

CusNo	CusName	Address	Tel
001	杨婷	深圳	0755-22221111
002	陈萍	深圳	0755-22223333
003	李东	深圳	0755-22225555
004	叶合	广州	020-22227777
005	谭新	广州	020-22229999

表6-2 Product（产品表）数据

ProNo	ProName	Price	Stocks
00001	电视	3000.00	800
00002	空调	2000.00	500
00003	床	1000.00	300
00004	餐桌	1500.00	200
00005	音响	5000.00	600
00006	沙发	6000.00	100

表6-3 ProIn（入库表）数据

InID	InputDate（入库日期）	ProNo（产品编号）	Quantity（入库数量）
1	2006-1-1	00001	10
2	2006-1-1	00002	5
3	2006-1-2	00001	5
4	2006-1-2	00003	10
5	2006-1-3	00001	10
6	2006-2-1	00003	20
7	2006-2-2	00001	10
8	2006-2-3	00004	30
9	2006-3-3	00003	20

表 6-4 ProOut（销售表）数据

OutID	SaleDate	CusNo	ProNo	Quantity
1	2006-1-1	001	00001	10
2	2006-1-2	001	00002	5
3	2006-1-3	002	00001	5
4	2006-2-1	002	00003	10
5	2006-2-2	001	00001	10
6	2006-2-3	001	00003	20
7	2006-3-2	003	00001	10
8	2006-3-2	003	00004	30
9	2006-3-3	002	00003	20

单元 7

实现索引

学习目标

【知识目标】

- 理解索引的作用。
- 熟练掌握如何创建、删除索引。
- 理解什么时候使用了什么索引。

【技能目标】

- 会根据需要创建符合实际情况的索引。
- 会删除索引。

单元设计

教学课件 PPT

电子教案
示例程序

xk、sale 数据库

任务陈述

学生选课数据库中的课程表、学生表、学生选课表、班级表和部门表，在需要时可搜索这些表中的数据。在用户搜索这些表的数据时，希望提高查询数据的速度。

知识学习

索引的用途

索引（index）也称为“键（key）”，是存储引擎用于快速找到记录的一种数据结构。

索引与书籍目录类似，如果想快速查找而不是逐页查找指定的内容，那么可以通过目录中给出的章节页码快速找到其对应的内容。类似地，索引通过数据行表中的索引关键值来指向表中的数据行，这样数据库引擎不用扫描整个表就能快速定位到所需要的数据行。相反，如果没有索引则会导致数据库搜索表中所有的数据行，以找到匹配结果。

索引关系到数据库的性能，尤其是当表中的数据量越来越大时，索引对性能的影响就越来越重要。

用户可以在表的一列或多列上创建索引。基于一个列创建的索引称为单一索引，基于两列或以上创建的索引称为复合索引。

如果表中任意两行被索引的列值不允许出现重复值，那么这种索引则称为唯一（UNIQUE）索引。

主索引和非主索引

微课
实现索引

1. 主索引

主索引指创建索引的表按照索引列的值进行物理排序数据行，在一个表中只允许创建一个主索引。在实际开发中，主键就是主索引，即数据行按照主键值进行物理排序。

2. 非主索引

非主索引对表不会按照索引列值进行物理排序，它对索引列进行逻辑排序，并保存索引列的逻辑排序位置。

何时使用索引

索引的特性会影响系统资源的使用和查找性能。如果索引能够提升查询性能，查询优化器将会使用索引。通常在那些经常被用来查询信息的列上建立索引以获得最佳性能。

例如，用户需要经常根据学号或者姓名查询学生的选课信息，那么可以在学生表上建立两个索引：一个是基于学号列的索引，另一个是基于姓名列的索引。因为学号为主键，学号值唯一，所以可以建立一个基于学号列的唯一的主索引。因为姓名可能会出现重名，又因为在 student 表上只能创建一个主索引，所以可在基于姓名的列上建立非唯一的非主索引。

索引虽然有优点，但也有缺点。索引在数据库中也需要占用存储空间。表越大，建立的包含该表的索引也就越大。数据库一般都是动态的，经常需要对数据行进行添加、修改和删除。当一个含有索引的表中数据行被更新时，索引也要更新，以反映数据的变化。这样可能会降低添加、修改和删除数据的速度，所以不要在表中建立太多且很少使用的索引。

任务 7.1 创建索引

可以在创建表时创建索引，也可以在创建表之后增加索引。

使用 MySQL-Front 创建索引

【问题 7.1】用户需要按照学生姓名查询信息，希望提高其查询速度。

要提高按照姓名查询信息的速度，就需要在姓名列 StuName 上创建非唯一的非主索引。此处将索引名字定义为 IX_StuName。

具体操作步骤如下：

（1）在“导航栏”窗口中展开 xk 数据库。

（2）如图 7-1 所示，选中“student”后右击，在弹出的快捷菜单中选择“新建”-“索引”命令。

（3）如图 7-2 所示，在“名称”中输入“IX_StuName”，在“可用字段”中双击“StuName”。

用户可以选择一列或多列，若选择了多列，则创建的索引为复合索引。

其中“长度”指的是列的前缀长度索引，如指定长度为 10 在 StuName 列上，那么就是根据 StuName 列内容的前 10 位长度的内容去建立索引。

（4）如图 7-3 所示，单击“确定”按钮保存。

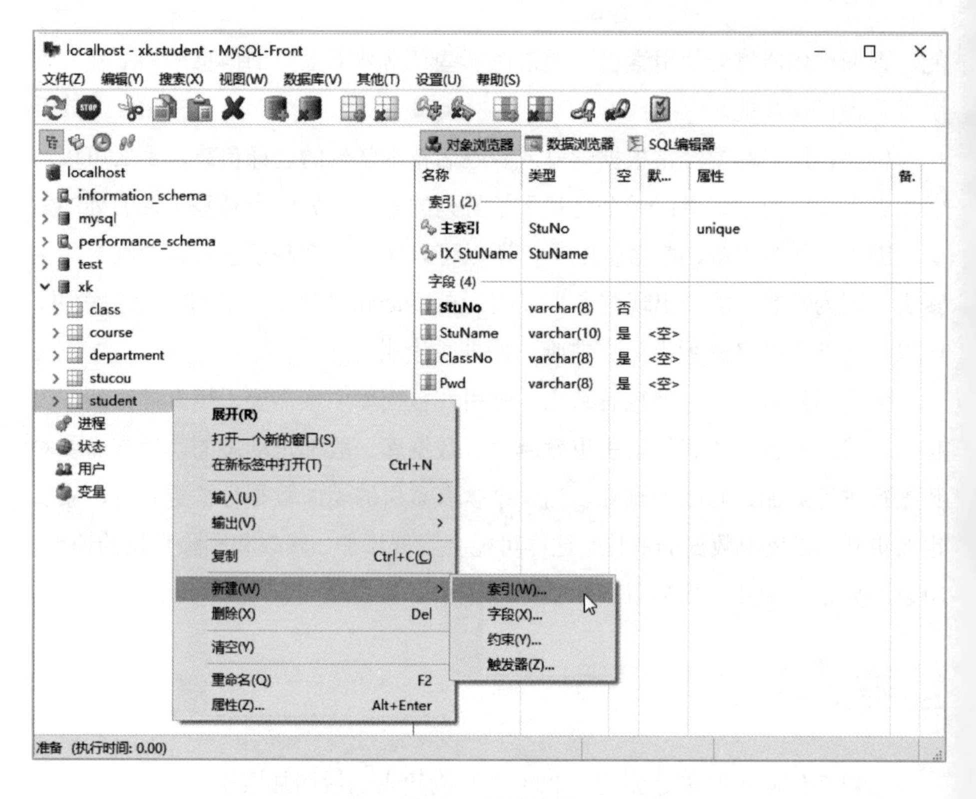

图 7-1 新建索引

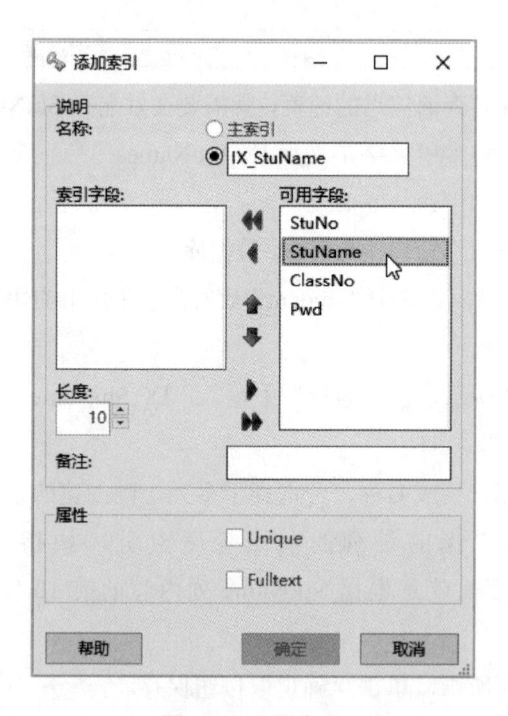

图 7-2 设置索引

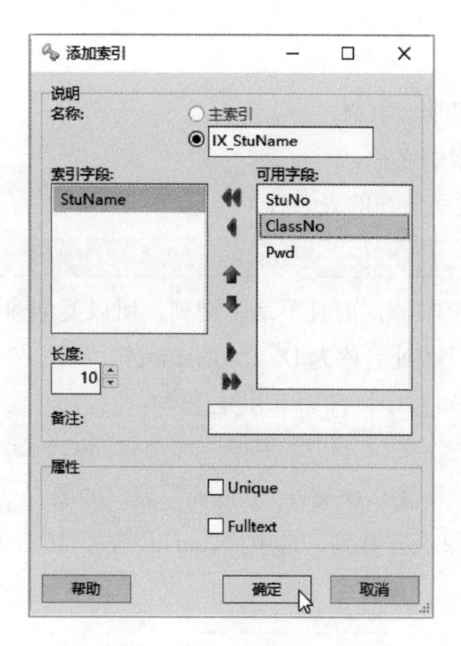

图 7-3　保存设置好的索引

（5）如图 7-4 所示，在“导航栏”窗口中展开“student”表，可看到索引“IX_StuName”。

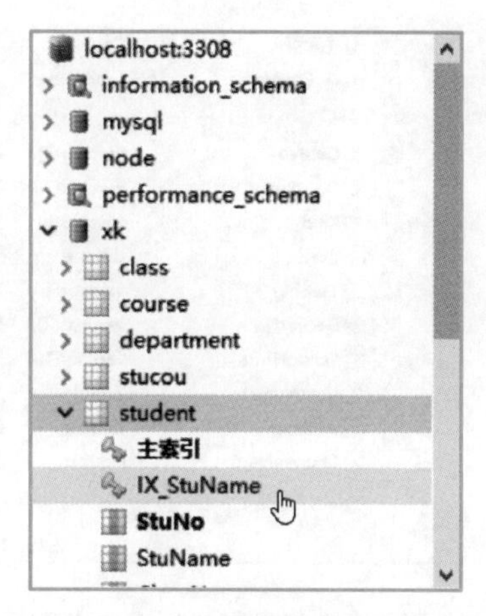

图 7-4　“导航栏”窗口中查看索引

使用 MySQL 语句创建索引

创建索引选项常用格式如下：

```
CREATE
[UNIQUE]
INDEX index_name
ON {table_name}
(column_name[,…n])
```

其中：

UNIQUE：创建唯一索引。

index_name：索引名称。

table_name：索引所在的表名称。

【问题 7.2】用户需要按照课程名查询信息，希望提高查询速度。使用 MySQL 语句实现该功能。

因为课程名称值唯一，而且不是主键列，所以要创建一个基于 CouName 列的唯一非主索引，此处名称为 IX_CouName。

（1）在 SQL 编辑器中执行如下 SQL 语句：

```
CREATE UNIQUE INDEX IX_CouName ON Course(CouName);
```

（2）在“导航栏”窗口中展开“course”表，如图 7-5 所示，可看到索引“IX_StuName”（如果没有看到，选中“course”表，然后单击图中鼠标所在位置的刷新按钮）。

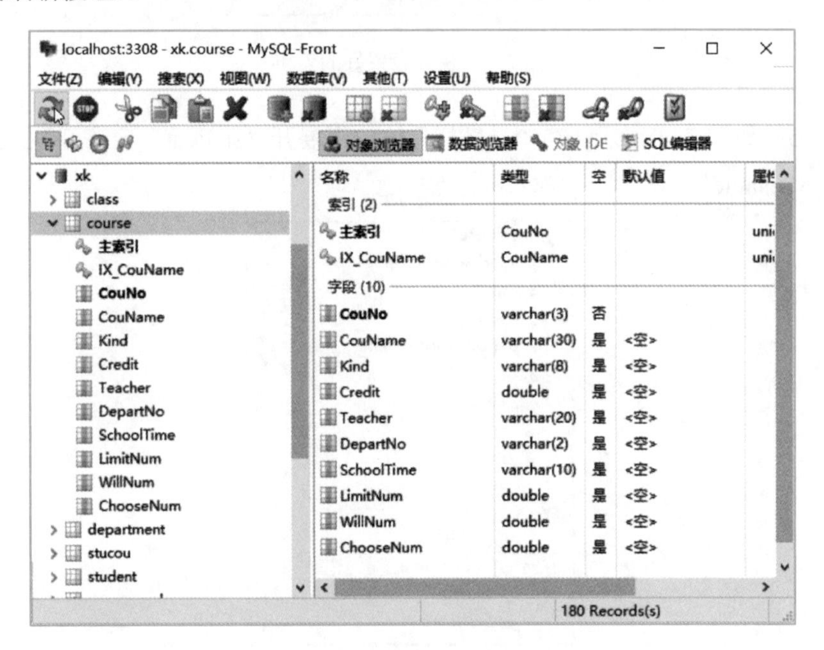

图 7-5 刷新后在“导航栏”窗口中查看索引

用户在创建和使用索引时应注意如下事项：

（1）如果表中已有数据，那么在创建唯一索引时，默认 MySQL 将自动校验是否存在重复的值，若存在重复值，则创建唯一索引失败。

（2）具有相同组合列、不同组合顺序的复合索引是不同的。

【问题 7.3】用户经常需要按照授课教师和上课时间两个关键字进行查询，希望提高查询速度。使用 MySQL 语句实现该功能。

这里是基于多个列创建复合索引，名称为 IX_TeacherSchoolTime。

（1）在 SQL 编辑器中执行如下 SQL 语句：

```
CREATE INDEX IX_TeacherSchoolTime ON Course(Teacher,SchoolTime);
```

（2）在“导航栏”窗口中展开“course”表，可看到索引“IX_TeacherSchoolTime”（如果没有看到，选中“course”表，然后刷新）。

任务 7.2　删除索引

1. 使用 MySQL-Front 删除索引

【问题 7.4】删除 student 表上名字为 IX_StuName 的索引。

具体操作步骤如下：

（1）在“导航栏”窗口中展开 xk 数据库，选中“student”。

（2）如图 7-6 所示，在“对象浏览器”中右击“IX_StuName”，选择“删除”命令。

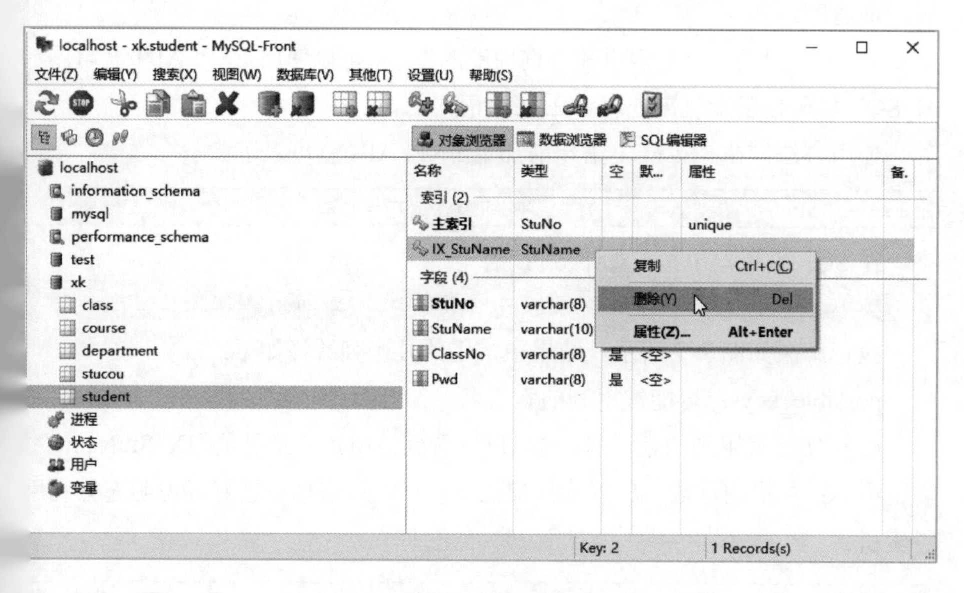

图 7-6　删除索引

（3）单击“是”按钮确认删除。

【为保证本书的连贯性，删除后请按原样恢复。】

2. 使用 MySQL 语句删除索引

【问题 7.5】使用 MySQL 语句删除 Course 表上名字为 IX_CouName 的索引。

在 SQL 编辑器中执行如下 SQL 语句：

```
ALTER TABLE course DROP INDEX IX_CouName;
```

【为保证本书的连贯性，删除后请按原样恢复。】

任务 7.3 索引分析

建立索引之后，查询时 MySQL 会自动选择与查询相匹配的索引。

例如，执行下列查询时，MySQL 会使用基于学号列的索引：

```
SELECT * FROM student WHERE StuNo='00000001';
```

执行下列查询时，MySQL 会使用基于姓名列的索引：

```
SELECT * FROM student WHERE StuName='林斌';
```

建立索引的目的就是希望提高 MySQL 数据查询的速度，如果利用索引查询的速度还不如扫描表的速度快，MySQL 就会采用扫描表而不是通过索引的方法来查询数据。因此，在创建索引后，应该根据应用系统的需要，也就是实际可能出现哪些数据查询来对查询进行分析，以判定其是否能提高 MySQL 的数据查询速度。

MySQL 提供了分析索引和查询性能的方法，可以使用 EXPLAIN 语句显示 MySQL 如何使用索引来处理 SELECT 语句的。

使用方法：在 SELECT 语句前加上 EXPLAIN 就可以了。

【问题 7.6】在 xk 数据库中的 student 表上查询姓“林”学生的信息，并分析系统使用哪个索引。

在 SQL 编辑器中执行如下 SQL 语句：

```
EXPLAIN SELECT * FROM student WHERE StuName='林斌';
```

执行结果如图 7-7 所示。结果中常用的几个列解释如下：

possible_keys：可能被用到的索引名。

key：实际被用到的索引名。这里可以看到被用到的索引是“IX_StuName”。

rows：扫描的行数，1 表示只扫描了一行，该值越小越好，说明充分利用了索引。

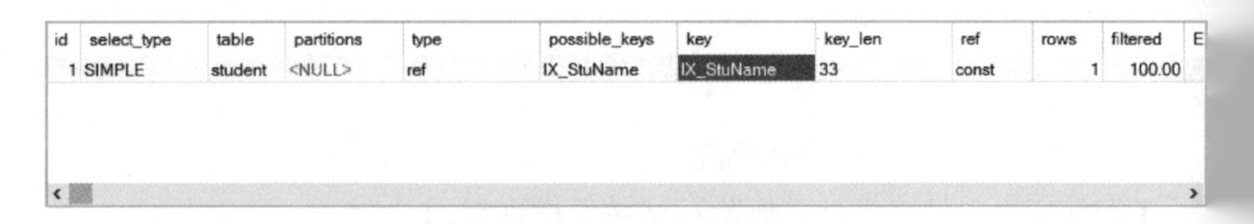

id	select_type	table	partitions	type	possible_keys	key	key_len	ref	rows	filtered	E
1	SIMPLE	student	<NULL>	ref	IX_StuName	IX_StuName	33	const	1	100.00	

图 7-7 分析索引示例 1

【问题 7.7】在 xk 数据库中的 student 表上查询学号为‘00000001’的学生信息，并分析哪些索引被系统所使用。

（1）在 SQL 编辑器中执行如下 SQL 语句。

```
EXPLAIN  SELECT StuNo FROM student WHERE StuNo='00000001';
```

（2）执行结果如图 7-8 所示，图中显示该查询使用了“PRIMARY”索引，表明使用的是主键。该表是基于“StuNo”列创建的主键。

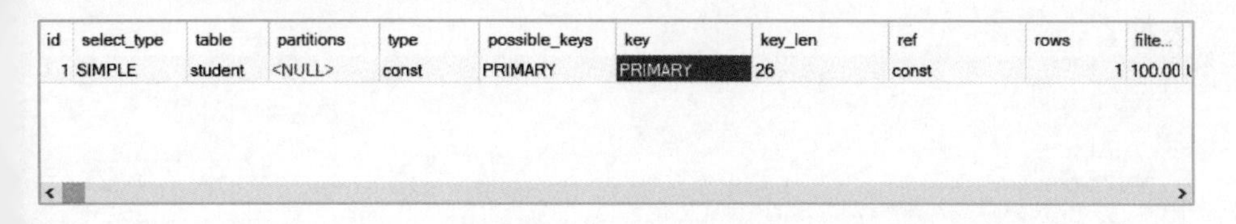

id	select_type	table	partitions	type	possible_keys	key	key_len	ref	rows	filte...
1	SIMPLE	student	<NULL>	const	PRIMARY	PRIMARY	26	const	1	100.00

图 7-8　分析索引示例 2

任务 7.4　常用索引使用规范

创建索引要结合应用来考虑。建议在大的 OLTP 表上创建的索引不要超过 6 个；尽可能地使用索引字段作为查询条件，尤其是聚簇索引，必要时可以通过索引名强制指定索引；避免对大表查询时进行全表扫描；在使用索引字段作为条件时，如果该索引是复合索引，那么必须使用到该索引中的第一个字段作为条件时才能保证系统使用该索引，否则该索引将不会被使用；要注意索引的维护，周期性重建索引，重新编译存储过程。

下面介绍一下通常的索引创建规则：

（1）经常与其他表进行连接的表，在连接字段上应该建立索引。

（2）经常出现在 WHERE 子句中的字段，特别是大表的字段，应该建立索引。

（3）复合索引的建立需要进行仔细分析，尽量考虑用单字段索引代替。应考虑复合索引的几个字段是否经常同时以 AND 方式出现在 WHERE 子句中，单字段查询是否极少甚至无，如果是，则可以建立复合索引；如果复合索引中包含的字段经常单独出现在 WHERE 子句中，则分解为多个单字段索引。

（4）如果既有单字段索引，又有这几个字段上的复合索引，一般可以删除复合索引。

（5）频繁进行数据操作的表，不要建立太多的索引。

【问题 7.8】下列 SQL 语句中 WHERE 条件的列都建有恰当的索引，观察对比索引是否使用到。

（1）EXPLAIN SELECT * FROM student WHERE SUBSTRING(StuName, 1,1)='李';

（2）EXPLAIN SELECT * FROM student WHERE StuName LIKE '李%';

分析：

（1）WHERE 子句中对列的任何操作结果都是在 SQL 运行时逐列计算得到的，因此它不得不进行表搜索，而没有使用该列上面的索引；

（2）在查询编译时就能得到，可以被 SQL 优化器优化，使用索引，避免全表搜索。

在本单元:

- 理解索引的概念。
- 理解主索引与非主索引的区别。
- 了解如何创建所需要的索引。
- 使用 MySQL-Front 或 MySQL 命令创建、删除索引。
- 使用 EXPLAIN 分析索引。
- 掌握常用索引使用规范。

思考与练习

1. 谈谈自己对索引的理解，简述在什么情况下需要创建索引。
2. 索引是不是越多越好？索引有什么缺点？

实训 参考答案

本单元实训使用 sale 数据库。

1. 用户经常按照 CusName（客户姓名）查询客户信息，希望提高查询速度，如何创建索引？

2. 用户经常按照 ProName（产品名称）查询产品信息，希望提高查询速度，如何创建索引？

单元 8

MySQL 编程基础

学习目标

【知识目标】

- 掌握 MySQL 中变量、流程控制语句的使用。
- 熟练掌握常用系统函数。
- 理解存储函数的用途。
- 掌握常用 MySQL 编程方法。

【技能目标】

- 熟练运用 MySQL 编写代码段。
- 熟练使用常用系统函数。
- 熟练掌握如何创建、删除、修改、查看存储函数。

任务陈述

小李现在需要使用 MySQL 编写一些程序，如编写 N!或计算 1+2+…+10000 的和，或者显示两个整数中的较大者。小李也希望查看所使用的 MySQL 版本信息，使用函数显示系统时间。

知识学习

MySQL 语法元素

MySQL 语法元素包括标识符、数据类型、运算符、表达式、函数和注释。

标识符

几乎所有语句都需要以某种方式使用标识符来引用某个数据库或数据库所容纳的元素，如表、列、索引、视图、存储过程、触发器等。

不加引号的标识符由字母、数字、“_”、“$”构成。标识符的第一个字符可以是允许用在标识符里的任何一种字符，包括数字。

不加引号的标识符不允许完全由数字字符构成，因为那样会与数值难以区分。MySQL 允许标识符以数字字符开头的做法在编程中是不常见的。

标识符可以用反引号字符（“ `”）括起来（加以界定），这种加引号界定的标识符几乎允许使用任意字符。如“MY ID”，因为“MY”与“ID”之间有空格，所以不能作为标识符，但可用`MY ID`作为标识符。

数据类型

数据类型用来定义数据对象（如列、变量和参数），MySQL 支持多种类型，大致可以分为三类：数值、日期时间和字符串。

MySQL 支持所有标准 SQL 的数值数据类型。包括严格数值数据类型 INTEGER、SMALLINT、DECIMAL、NUMERIC 和近似数值数据类型 FLOAT、REAL、DOUBLE PRECISION。

日期时间类型包括：DATETIME、DATE、TIMESTAMP、TIME 和 YEAR。

字符串类型包括：CHAR、VARCHAR、BINARY、VARBINARY、BLOB、TEXT、ENUM 和 SET。

运算符

运算符是表达式的组成部分之一，它与一个或多个简单表达式一起使用，以便构成一个更为复杂的表达式。

表达式

表达式是标识符、值和运算符的组合，MySQL 可以对其求值，以便获取结果。

在查询或修改数据时，可将表达式作为要查询的内容，也可以作为限制查询的条件。

函数

与其他程序设计语言中的函数相似，它可以有 0 个、1 个或多个参数，并有返回值。

注释

MySQL 支持三种注释字符：

"-- "：两个连字符加一个空格，注释一行代码

"#" ：注释一行代码

/* ... */：正斜杠-星号对，注释一段代码

例如：

-- 单行注释

/*

多行注释第 1 行

多行注释第 2 行

*/

任务 8.1 使用系统函数

系统函数有：字符串函数、日期函数、数学函数、系统函数、元数据函数、安全函数、配置函数、聚合函数和排名函数等。

字符串函数

字符串函数用于对字符串进行各种操作。表 8-1 列出了常用的字符串函数及其功能。

表 8-1 字符串函数及其功能

函数	功能
ASCII(s)	返回字符串 s 的第一个字符的 ASCII 码
CHAR_LENGTH(s)	返回字符串 s 的字符数
CONCAT(s1,s2...sn)	字符串 s1,s2 等多个字符串合并为一个字符串
FORMAT(x,n)	函数可以将数字 x 进行格式化 "#,###.##", 将 x 保留到小数点后 n 位，最后一位四舍五入
LOWER(s)	将字符串 s 的所有字母变成小写字母
UCASE(s)	将字符串转换为大写

续表

函　数	功　能
LTRIM(s)	去掉字符串 s 开始处的空格
RTRIM(s)	去掉字符串 s 结尾处的空格
TRIM(s)	去掉字符串 s 开始和结尾处的空格
POSITION(s1 IN s)	从字符串 s 中获取 s1 的开始位置
REPEAT(s,n)	将字符串 s 重复 n 次
REPLACE(s,s1,s2)	将字符串 s2 替代字符串 s 中的字符串 s1
SPACE(n)	返回 n 个空格
SUBSTRING(s, start, length)	从字符串 s 的 start 位置截取长度为 length 的子字符串

【问题 8.1】查看“数据库”在“大型数据库技术”中的开始位置。

在 SQL 编辑器中执行如下 SQL 语句：

```
SELECT POSITION('数据库' IN '大型数据库技术');
SELECT LOCATE('数据库','大型数据库技术');
```

执行结果都为 3。

【问题 8.2】计算字符串“123 数据”的长度。

在 SQL 编辑器中执行如下 SQL 语句：

```
SELECT CHAR_LENGTH('123 数据');
SELECT LENGTH ('123 数据');
```

执行结果分别为 5、9（UTF8 编码下，一个中文占 3 个长度），读者自行比较 CHAR_LENGTH 函数和 LENGTH 函数的差别。

【问题 8.3】显示信息：将“Hello”显示两次，然后间隔 10 个空格，再将“World”显示两次。

在 SQL 编辑器中执行如下 SQL 语句：

```
SELECT CONCAT(REPEAT('Hello',2),SPACE(10),REPEAT('World',2));
```

执行结果为：HelloHello　　　　　WorldWorld。

日期函数

日期函数用来显示日期和时间的信息。它们处理 datatime 和 smalldatatime 的值，并对其进行算术运算。表 8-2 列出了部分常用日期函数及其功能。

表 8-2　日期函数及其功能

函　数	功　能
CURDATE()	返回当前日期，形式为 2020-05-08
CURRENT_DATE()	返回当前日期，形式为 2020-05-08
CURTIME()	返回当前时间，形式为 20:26:25

续表

函　数	功　能
CURRENT_TIME()	返回当前时间，形式为 20:26:49
CURRENT_TIMESTAMP()	返回当前日期和时间
DATE()	从日期或日期时间表达式中提取日期值
DATEDIFF(d1,d2)	计算日期 d1->d2 之间相隔的天数
DATE_FORMAT(d,f)	按表达式 f 的要求显示日期 d
YEAR(d)	返回日期值 d 的年
MONTH(d)	返回日期值 d 的月
DAY(d)	返回日期值 d 的日

【问题 8.4】显示服务器当前系统的日期与时间。

使用 CURRENT_TIMESTAMP 函数，在 SQL 编辑器中执行如下 SQL 语句：

```
SELECT CURRENT_TIMESTAMP();
```

【问题 8.5】显示服务器当前系统的月份。

在 SQL 编辑器中执行如下 SQL 语句：

```
SELECT MONTH(CURRENT_DATE ());
```

【问题 8.6】小张生日为“2000-12-23”，计算显示小张的年龄。

在 SQL 编辑器中执行如下 SQL 语句：

```
SELECT YEAR(CURDATE())-YEAR('2000-12-23');
```

数学函数

数学函数用来对数值型数据进行数学运算。表 8-3 列出了常用数学函数及其功能。

表 8-3　常用数学函数及其功能

函　数	功　能
ABS(x)	返回 x 的绝对值
CEILING(x)	返回大于或等于 x 的最小整数
FLOOR(x)	返回小于或等于 x 的最大整数
PI()	返回圆周率 3.141593
POWER(x,y)	返回 x 的 y 次方
RAND()	返回 0 到 1 的随机数
ROUND (x，y)	将 x 表达式四舍五入为 y 所给定的精度
SQRT(x)	返回 x 的平方根

【问题 8.7】返回大于或等于 134.393 的最小整数；返回小于或等于 134.393 的最大整数。

该题分别使用 CEILING 函数和 FLOOR 函数。

在 SQL 编辑器中执行如下 SQL 语句：

```
SELECT CEILING (134.393);
SELECT FLOOR (134.393);
```

执行结果为：135 和 134。

【问题 8.8】分别计算 3^4 的值和 16 的平方根值。

该题分别使用 POWER 函数和 SQRT 函数。在 SQL 编辑器中执行如下 SQL 语句：

```
SELECT POWER(3,4);
SELECT SQRT(16);
```

执行结果为：81 和 4。

其他常用函数

表 8-4 列出了其他的一些常用函数及其功能。

表 8-4　其他常用函数及其功能

函　数	功　能
CAST(expression AS data_type)	将表达式显式转换为另一种数据类型
PASSWORD()	加密函数，不可逆。通常用于加密密码，只需对加密后的内容进行比较，不关心加密前的原始值

【问题 8.9】将字符串 10.3456 转换为数字。

（1）在 SQL 编辑器中执行如下 SQL 语句：

```
SELECT CAST('10.3456' AS Decimal(10,4));
```

执行结果为：10.3456

（2）在 SQL 编辑器中执行如下 SQL 语句：

```
SELECT CAST('10.3456' AS Decimal(10,2));
```

执行结果为：10.35，可看到该函数在截断数字位数时进行了四舍五入处理。

【问题 8.10】使用 PASSWORD 函数加密字符串。

在 SQL 编辑器中执行如下 SQL 语句：

```
SELECT PASSWORD('123456');
```

执行结果为：*6BB4837EB74329105EE4568DDA7DC67ED2CA2AD9

任务 8.2　创建与管理存储函数

微课
创建存储函数

用户根据需要，可在数据库中创建自己的函数——存储函数。存储函数是由一个或多个 MySQL 语句组成的子程序，可增加程序的可读性及方便重用。

存储函数可以有输入参数并有返回值。语法如下：

```
CREATE FUNCTION 函数名(参数列表)
RETURNS 返回值类型
BEGIN
    函数体
END
```

函数名：应该是合法的标识符，并且不能与已有的关键字冲突。

参数列表：可以有一个或者多个参数，没有参数也是可以的。对于每个参数，由参数名和参数类型组成。

函数体：有多条 MySQL 语句时，一定要有 RETURN 返回语句。

当函数体只有一条 SQL 语句时，可以不写 BEGIN/END。

【问题 8.11】编写存储函数 **ClassCount()**，返回 **class** 表的班级数（无参数，返回整数值）。

（1）创建函数，在 SQL 编辑器中执行如下 SQL 语句：

```
USE xk
CREATE FUNCTION ClassCount()
RETURNS int
RETURN (SELECT COUNT(*) FROM class);
```

（2）测试函数：

```
SELECT ClassCount();
```

【问题 8.12】创建存储函数 **SName_By_SNo()**，根据任意给定的学号返回学生姓名（有参数，返回字符型）。

（1）创建函数，在 SQL 编辑器中执行如下 SQL 语句：

```
USE xk;
CREATE FUNCTION SName_By_SNo(SNo varchar(8))
RETURNS  varchar(10)
RETURN (SELECT StuName FROM student WHERE StuNo=SNo);
```

（2）测试函数，查询“02000050”学号的学生姓名。

```
SELECT SName_By_SNo('02000050');
```

【问题 8.13】在 **xk** 数据库中创建名为 **CalcRemainNum** 的存储函数，它计算课程剩余的选课名额，并将存储函数绑定到 **course** 表上。

分析：课程剩余的选课名额=限选人数 LimitNum-选中人数 ChooseNum。这里创建一个存储函数自动完成此计算功能。

（1）创建名字为 CalcRemainNum 的存储函数。在 SQL 编辑器中执行如下 SQL 语句：

```
SET GLOBAL log_bin_trust_function_creators=1;
CREATE FUNCTION CalcRemainNum(X decimal(6,0), Y decimal(6,0))
RETURNS decimal(6,0)
BEGIN
    RETURN  (X-Y);
END;
```

说明：当二进制日志启用后，log_bin_trust_function_creators 这个变量就会启用。它控制是否可以信任存储函数创建者，如果设置为 0（默认值），用户不得创建或修改存储函数，除非他们具有除 CREATE ROUTINE 或 ALTER ROUTINE 特权之外的 SUPER 权限。设置为 0 还会强制使用 DETERMINISTIC 特性或 READS SQL DATA 或 NO SQL 特性声明函数的限制。如果该变量设置为 1，MySQL 不会对创建存储函数实施这些限制。此变量也适用于触发器的创建。所以这里为避免环境不一致可能产生的错误加上此语句：

```
SET GLOBAL log_bin_trust_function_creators=1;
```

（2）如图 8-1 所示，注意图中鼠标所在的位置，可在“对象浏览器”的“xk”数据库下看到刚刚创建的“CalcRemainNum”函数。

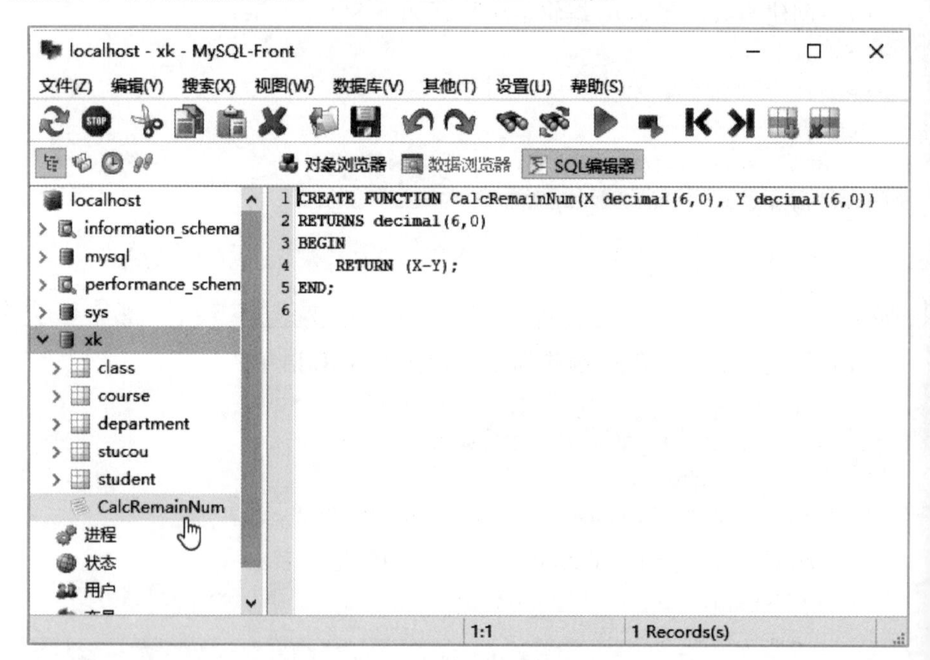

图 8-1　观察创建好的存储函数

（3）进行测试。在 SQL 编辑器中执行如下 SQL 语句：

```
SELECT CalcRemainNum(9,3);
```

执行结果为 6。

（4）函数是属于数据库的，若跨数据库访问，可使用以下形式，即在 SQL 编辑器中执行如下 SQL 语句：

```
SELECT xk.CalcRemainNum(9,3);
```

（5）也可以在 SELECT 语句中调用函数，在 SQL 编辑器中执行如下 SQL 语句。

```
SELECT *, CalcRemainNum(LimitNum,ChooseNum) AS RemainNum FROM
course;
```

返回结果如图 8-2 所示，注意观察最后一列 RemainNum。

CouNo	CouName	Kind	Credit	Teacher	DepartNo	SchoolTime	LimitNum	WillNum	ChooseNum	RemainNum
001	SQL Server实用技术	信息技术	3	徐人凤	01	周二5-6节	20	43	0	20
002	JAVA技术的开发应用	信息技术	2	程伟彬	01	周二5-6节	10	34	0	10
003	网络信息检索原理与技术	信息技术	2	李涛	01	周二晚	10	30	0	10
004	Linux操作系统	信息技术	2	郑星	01	周二5-6节	10	33	0	10
005	Premiere6.0影视制作	信息技术	2	李韵婷	01	周二5-6节	20	27	0	20
006	Director动画电影设计与制作	信息技术	2	陈子仪	01	周二5-6节	10	27	0	10
007	Delphi初级程序员	信息技术	2	李兰	01	周二5-6节	10	27	0	10
008	ASP.NET应用	信息技术	2.5	曾建华	01	周二5-6节	10	45	0	10
009	水资源利用管理与保护	工程技术	2	叶艳茵	02	周二晚	10	31	0	10
010	中级电工理论	工程技术	3	范敬丽	02	周二5-6节	5	24	0	5
011	中外建筑欣赏	人文	2	林泉	02	周二5-6节	20	27	0	20
012	智能建筑	工程技术	2	王娜	02	周二5-6节	10	21	0	10
013	房地产漫谈	人文	2	黄强	02	周二5-6节	10	36	0	10
014	科技与探索	人文	1.5	顾苑玲	02	周二5-6节	10	24	0	10
015	民俗风情旅游	管理	2	杨国润	03	周二5-6节	20	33	0	20
016	旅行社经营管理	管理	2	黄文昌	03	周二5-6节	20	36	0	20
017	世界旅游	人文	2	盛德文	03	周二5-6节	10	27	0	10
018	中餐菜肴制作	人文	2	卢萍	03	周二5-6节	5	66	0	5
019	电子出版概论	工程技术	2	李力	03	周二5-6节	10	0	0	10

图 8-2 存储函数测试结果

【注意】该程序在命令行方式下运行会出现错误。其原因是命令行方式下默认分号为 **MySQL** 语句的结束标志，这样 **BEGIN** 就缺少了 **END**。解决办法：使用 **DELIMITER** 定义其他符号（如$$）为语句结束标志。

（1）创建函数，在命令行窗口下 mysql>后输入并执行如下 SQL 语句：

```
SET GLOBAL log_bin_trust_function_creators=1;
USE xk;
DELIMITER $$     /*定义$$为语句结束标志*/
CREATE FUNCTION CalcRemainNum_2(X decimal(6,0), Y decimal(6,0))
RETURNS decimal(6,0)
BEGIN
  RETURN (X-Y);
END $$
DELIMITER;  /*恢复;为语句的结束标志*/
```

（2）测试函数：

```
SELECT CalcRemainNum_2(9,3);
```

在命令行窗口下执行和返回结果如图 8-3 所示。

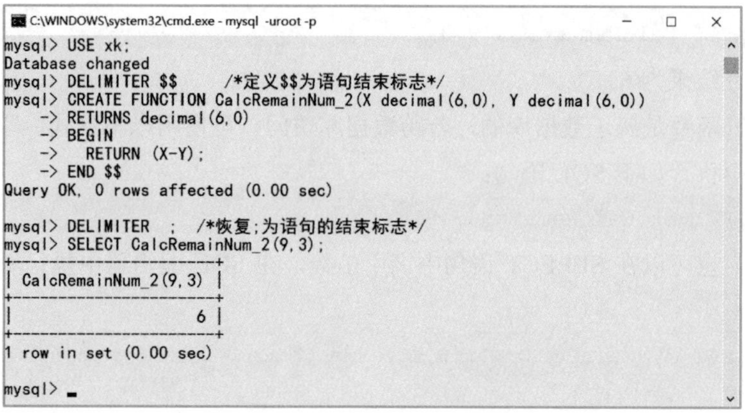

```
C:\WINDOWS\system32\cmd.exe - mysql -uroot -p
mysql> USE xk;
Database changed
mysql> DELIMITER $$     /*定义$$为语句结束标志*/
mysql> CREATE FUNCTION CalcRemainNum_2(X decimal(6,0), Y decimal(6,0))
    -> RETURNS decimal(6,0)
    -> BEGIN
    ->   RETURN (X-Y);
    -> END $$
Query OK, 0 rows affected (0.00 sec)

mysql> DELIMITER  ;  /*恢复;为语句的结束标志*/
mysql> SELECT CalcRemainNum_2(9,3);
+----------------------+
| CalcRemainNum_2(9,3) |
+----------------------+
|                    6 |
+----------------------+
1 row in set (0.00 sec)

mysql>
```

图 8-3 在命令行窗口创建函数和调用函数

【问题 8.14】删除存储函数 CalcRemainNum_2()。

在 SQL 编辑器中执行如下 SQL 语句：

```
DROP FUNCTION CalcRemainNum_2;
```

【问题 8.15】修改函数 CalcRemainNum_2()。

这里采用先删除该函数（前一题）再创建的方式达到修改目的，在 SQL 编辑器中执行如下 SQL 语句：

```
SET GLOBAL log_bin_trust_function_creators=1;
USE xk;
DELIMITER $$     /*定义$$为语句结束标志*/
CREATE FUNCTION CalcRemainNum_2(X DOUBLE, Y DOUBLE)
RETURNS DOUBLE
BEGIN
  RETURN (X-Y);
END $$
DELIMITER;  /*恢复;为语句的结束标志*/
```

【问题 8.16】查看存储函数信息。

查看 xk 数据库中有哪些存储函数：

```
SHOW FUNCTION STATUS WHERE db='xk';
```

查看 CalcRemainNum 函数的定义：

```
SHOW CREATE FUNCTION CalcRemainNum;
```

任务 8.3 编写 MySQL 程序

定义变量及赋值

MySQL 有三种类型的变量：局部变量、全局变量和用户变量。全局变量以@@开始，由 MySQL 提供，任何用户都能使用但不能修改。

以@开始的变量为用户变量，可以直接使用，不需要先声明。当前连接数据库服务器的用户可以使用它，该变量和其值一直存在，直到用户断开与服务器的连接。

局部变量需要先声明，赋值后再使用，未赋值的局部变量值为 NULL，只在当前的 BEGIN/END 代码块中有效。

声明局部变量：DECLARE variable_name datatype;

赋值方法：SET variable_name =value;

可以在声明变量时直接赋值：DECLARE variable_name datatype DEFAULT value;

【问题 8.17】将课程总门数保存到用户变量@CourseCount 中并显示该变量的值。

在 SQL 编辑器中执行如下 SQL 语句：

```
USE xk;
SET @CourseCount=(SELECT COUNT(*) FROM course);
SELECT @CourseCount;
```

【问题 8.18】查询 course 表中课程编号为'006'的课程名称，将它存储在变量@CName 中，显示该变量的值。

在 SQL 编辑器中执行如下 SQL 语句：

```
USE xk;
SELECT  CouName  INTO @CName FROM course WHERE CouNo='006';
SELECT @CName;
```

查询 course 表中课程名等于前一道题@CName 变量值的课程信息。

```
SELECT  *  FROM  course  WHERE  CouName   LIKE   CONCAT('%',
@CName,'%');
```

【问题 8.19】显示 MySQL 版本信息。

在 SQL 编辑器中执行如下 SQL 语句：

```
SELECT @@VERSION;
```

【问题 8.20】显示 MySQL 用户同时可以连接的最大用户数。

（1）在 SQL 编辑器中执行如下 SQL 语句：

```
SELECT @@MAX_CONNECTIONS;
```

（2）验证：如图 8-4 所示，在 PhPStudy 主页面中，单击左侧“设置”选项卡，右上方选择“配置文件”选项，单击“mysql.ini”按钮，再单击“MySQL5.7.26”按钮。

（3）如图 8-5 所示，实际打开了名为“my.ini”的文件，可以看到编者这里配置的“max_connections=100”。

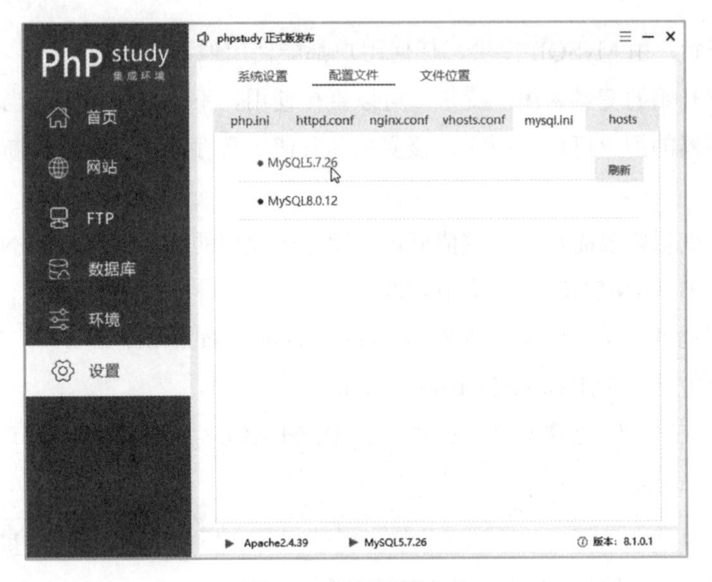

图 8-4 选择配置文件

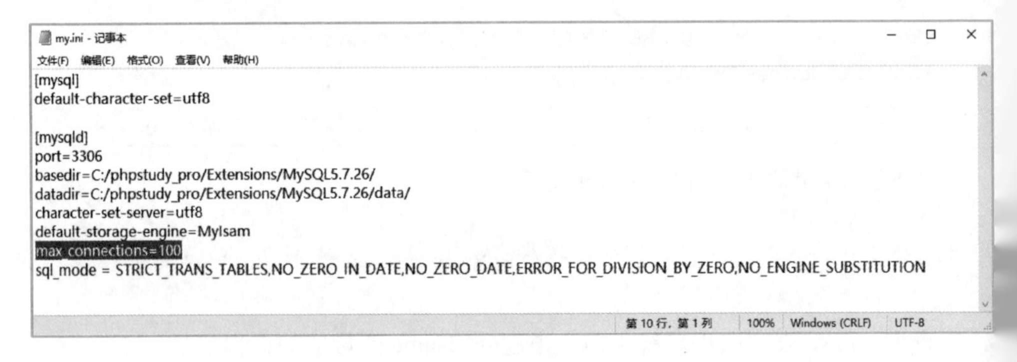

图 8-5 查看配置文件

【问题 8.21】编写计算 50 与 60 之和的程序。

首先定义三个局部变量 iNum1、iNum2 和 iSum，分别用于存储两个整数及两个整数的和，数据类型均为 int（整型）。变量赋值可使用 SET 语句。

（1）创建函数，在 SQL 编辑器中执行如下 SQL 语句：

```
SET GLOBAL log_bin_trust_function_creators=1;
DROP FUNCTION IF EXISTS test;
CREATE FUNCTION test()
RETURNS int
BEGIN
  DECLARE iNum1,iNum2,iSum int; -- 定义三个局部变量
  SET iNum1=50;          -- 给局部变量 iNum1 赋值
  SET iNum2=60;          -- 给局部变量 iNum2 赋值
  SET iSum=iNum1+iNum2; -- 将 iNum1 和 iNum2 的和赋值给局部变量 iSum
  RETURN iSum;
```

```
END;
```

（2）测试函数，在 SQL 编辑器中执行如下 SQL 语句：

```
SELECT test();
```

执行结果为 110。

IF 语句

IF 实现条件判断，满足不同条件执行不同的操作。语法如下：

```
IF condition THEN
  statement_list
ELSEIF condition THEN
  statement_list
ELSE
  statement_list
END  IF
```

当 IF 中条件 condition 成立时，执行 THEN 后的 statement_list 语句，否则判断 ELSEIF 中的条件，成立则执行其后的 statement_list 语句，否则继续判断其他分支。当所有分支的条件均不成立时，执行 ELSE 分支。condition 是一个条件表达式，可以由“=、<、<=、>、>=、!=”等条件运算符组成，并且可以使用 AND、OR、NOT 对多个表达式进行组合。

流程控制 IF 函数

根据条件判断真假，执行相应的流程。

格式：IF(expr1,expr2,expr3)，expr1 为要判断条件真假的表达式，如果表达式为真，返回第 2 个参数，否则返回第 3 个参数。如，SELECT IF(2*4>9-5,1,2);值为 1。

【问题 8.22】编写函数，返回显示两个数中较大者。

（1）创建函数，在 SQL 编辑器中执行如下 SQL 语句：

```
SET GLOBAL log_bin_trust_function_creators=1;
DROP FUNCTION IF EXISTS iMax;
CREATE FUNCTION iMax(iNum1 int,iNum2 int)
RETURNS int
BEGIN
  IF iNum1>iNum2 THEN
     RETURN iNum1;
  ELSE
     RETURN iNum2;
  END IF;
END;
```

（2）测试函数，在 SQL 编辑器中执行如下 SQL 语句：

```
SELECT iMax(100,200);
```

执行结果为 200。

（3）使用流程控制函数的程序代码：

```
SET GLOBAL log_bin_trust_function_creators=1;
DROP FUNCTION IF EXISTS iMax_2;
CREATE FUNCTION iMax_2(iNum1 int,iNum2 int)
RETURNS int
BEGIN
  RETURN IF(iNum1>iNum2,iNum1,iNum2);
END;
```

CASE 语句

【问题 8.23】对课程进行分类统计，要求显示课程类别、课程名称和报名人数。

SELECT 语句显示 Kind 时，需要先进行判断，如果 Kind 的值为“工程技术”，则显示“工科类课程”；如果 Kind 的值为“人文”，则显示“人文类课程”；如果 Kind 的值为“信息技术”，则显示“信息类课程”，否则显示'其他类课程'。

在 SQL 编辑器中执行如下 SQL 语句：

```
SELECT Kind,
     CASE Kind
       WHEN '工程技术' THEN '工科类课程'
       WHEN '人文' THEN '人文类课程'
       WHEN '信息技术' THEN '信息类课程'
       ELSE  '其他类课程'
     END AS 课程类别 ,CouName,WillNum
FROM course
ORDER BY Kind;
```

执行结果如图 8-6 所示。

Kind	课程类别	CouName	WillNum
人文	人文类课程	房地产漫谈	36
人文	人文类课程	科技与探索	24
人文	人文类课程	中外建筑欣赏	27
人文	人文类课程	世界旅游	27
人文	人文类课程	中餐菜肴制作	66
信息技术	信息类课程	ASP.NET应用	45
信息技术	信息类课程	Delphi初级程序员	27
信息技术	信息类课程	Director动画电影	27
信息技术	信息类课程	Premiere6.0影视	27
信息技术	信息类课程	Linux操作系统	33
信息技术	信息类课程	网络信息检索原理	30
信息技术	信息类课程	JAVA技术的开发应	34
信息技术	信息类课程	SQL Server实用技	43
工程技术	工科类课程	智能建筑	21
工程技术	工科类课程	中级电工理论	24
工程技术	工科类课程	水资源利用管理与	31
工程技术	工科类课程	电子出版概论	0
管理	其他类课程	民俗风情旅游	33
管理	其他类课程	旅行社经营管理	36

图 8-6　使用 CASE 语句结果示例

WHILE 语句

WHILE 语句用来实现循环结构，其语法如下：

```
WHILE 条件 DO
    循环体
END WHILE
```

其功能是当条件为真时，执行循环体，直到条件为假。

【问题 8.24】计算 1+2+3+4+…+100 的和，并显示计算结果。

首先定义 2 个局部变量 i 和 sum，两者数据类型均为 int。i 为循环控制变量，sum 用于存放运算结果。需要先给两个局部变量赋值，i 初值为 1，sum 初值为 0。该题需要使用循环，循环终止条件为 i>100。

（1）创建函数，在 SQL 编辑器中执行如下 SQL 语句：

```
SET GLOBAL log_bin_trust_function_creators=1;
DROP FUNCTION IF EXISTS iSum;
CREATE FUNCTION iSum()
RETURNS int
BEGIN
  DECLARE i INT DEFAULT 1;
  DECLARE sum int DEFAULT 0; /*声明同时赋初值*/
  WHILE i<=100
  DO
    SET sum=sum+i;
    SET i=i+1;
  END WHILE;
  RETURN sum;
END;
```

（2）测试函数，在 SQL 编辑器中执行如下 SQL 语句：

```
SELECT iSum();
```

执行结果为：5050。

【问题 8.25】创建一个存储函数 Teacher_By_CouNo()。根据任意给定的课程编号，查询该课程的任课教师。如果该任课教师课程门数少于 3 门，则返回“符合要求”，否则返回“不符合要求”。

（1）创建函数，在 SQL 编辑器中执行如下 SQL 语句：

```
USE xk;
DROP FUNCTION IF EXISTS Teacher_By_CouNo;
CREATE FUNCTION Teacher_By_CouNo(C_No varchar(3))
RETURNS CHAR(20)
BEGIN
    DECLARE TeaName varchar(20);  /*定义存储教师姓名的局部变量*/
    SET TeaName=(SELECT Teacher FROM course WHERE CouNo=C_No);
    IF (SELECT COUNT(Teacher) FROM course WHERE Teacher=TeaName)
```

```
    <3  THEN
    RETURN  '符合要求';
  ELSE
    RETURN  '不符合要求';
  END IF;
END
```

（2）测试函数，在 SQL 编辑器中执行如下 SQL 语句：

```
SELECT Teacher_By_CouNo('003');
```

单元小结

在本单元:

- 掌握 MySQL 编程，它是编写函数、存储过程等的必备知识。在单个 SQL 语句不能解决问题时，可考虑编写 SQL 代码段。
- 学会根据实际需要，使用 MySQL 语句、系统函数、自定义系统等编写后台数据库应用程序。

思考与练习

1. 在 MySQL 中如何声明和使用变量?
2. 如何创建和使用存储函数?

实训

本实训使用 Sale 数据库。

1. 计算有多少种产品（假设为 x），然后显示一条信息：共有 x 种产品。
2. 编写函数计算 $n!$（n=20）。

单元 9 创建与管理视图

学习目标

【知识目标】

- 理解视图的概念，了解视图的作用。
- 理解视图在前端开发和后端开发中的意义。

【技能目标】

- 会根据需要创建、修改、查看、删除视图。
- 能根据需要灵活使用视图。

任务陈述

“00 多媒体”班的班主任刘老师需要经常查看他们班学生选修课程的信息；教务处的老师需要经常查看各个部门开设的选修课程的情况、学生选修课程的情况等。现在需要在学生选课数据库中创建视图，并在需要的时候修改或删除视图。

知识学习

视图的基本概念

视图是一个虚拟表，它保存 SELECT 语句的定义，是用户查看数据库中数据的一种方式。用户通过它能够以需要的方式浏览表中的部分或全部数据，而数据的物理存放位置仍然在数据库的表中，这些表称作视图的基表。

视图中的数据可以来自一个或多个基表，也可以来自视图。

视图可以使用户集中在他们感兴趣或关心的数据上，而不考虑那些不必要的数据。另外，由于用户只能看到在视图中显示的那些数据，而看不到视图所引用的表的其他数据，在一定的程度上保证了数据的安全性。

视图的应用

视图常见的应用包括如下几种。

（1）显示来自基表的部分行数据。

例如，各班班主任只关心本班学生的信息，那么为“00 多媒体”班的班主任刘老师只提供班级编号为“20000002”的那些数据行的学生信息，这些数据行来自基表 student。而为“02 旅游管理”班的班主任老师只提供班级编号为“20020006”的那些数据行的学生信息，这些数据行同样来自基表 student。不同的用户看到来自基表 student 不同的数据行。

微课
创建与管理视图

（2）显示来自基表的部分列数据。

例如，某些用户只需要查看 course 中课程名称 CouName 列、学分 Credit 列信息，这时可以定义一个只显示 CouName、Credit 两列的视图（基表为 course），使用户只能看到视图中显示的两列数据，看不到 course 的其他列数据。

（3）显示来自两个或多个基表、视图的连接组成的复杂查询结果数据。对用户而言，看到的是他所希望看到的数据，这些数据可能来自不同表的多个列，但用户看起来这些数据像在一个表一样，此时需要将来自多个表的 SELECT 语句定义为视图。

这是使用视图最常见的情况，往往一个复杂的查询需要在多个地方使用，这样，用户就不需要在每一次对该数据进行操作的时候编写复杂的 SQL 语句而只需简单地从视图中获取相应的数据即可。用户可以像使用表那样使用视图。

例如，xk 数据库的 stucou 表记录了学生选修课程的信息。往往需要查看学生选修课程的信息，包括学号、姓名、班级名称、课程名称、学分等，这些列来自 student、class、course 和 stucou，将这个查询定义为视图后，客户端的查询工作就相对轻松了。可以像使用表一样使用视图，视图特别适用于一个复杂查询被经常用到的情况。

视图一般应用在客户端多次使用同样 SQL 语句的情况下，图 9-1 和图 9-2 比较了有无视图的情况下对客户端开发的影响。

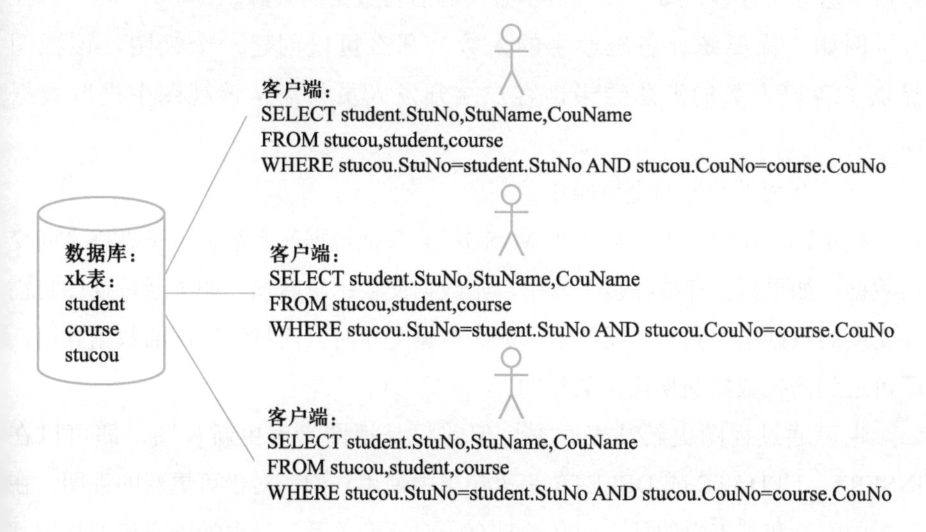

图 9-1　没有创建视图的情况（客户端多处使用复杂 SQL 语句，且维护工作量加大）

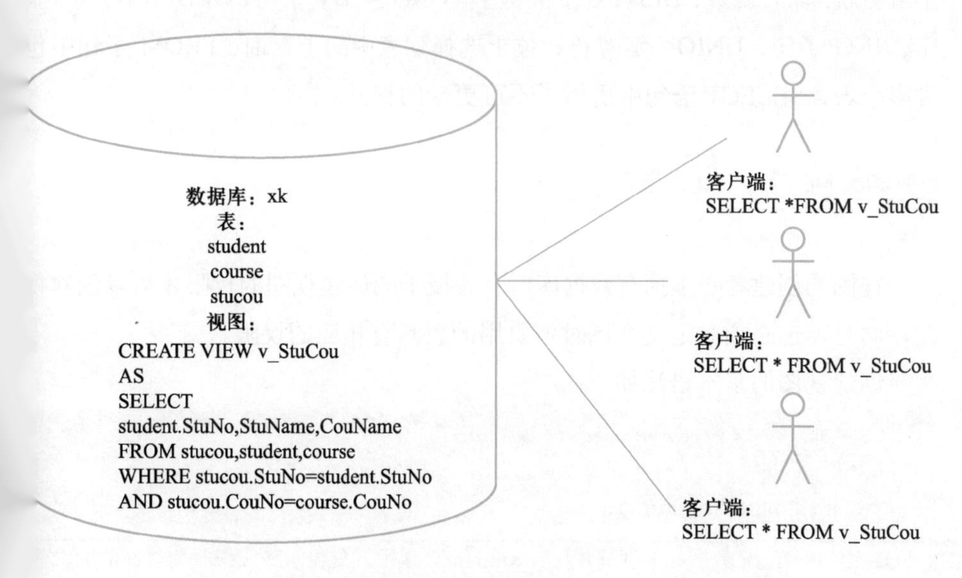

图 9-2　创建视图的情况（客户端语句简单，维护方便）

从图9-1和图9-2的比较可以看出，在没有创建视图的情况下，客户端多次进行同样的查询时，每次都需要编写相同的SQL语句，重复次数多，当SQL语句较复杂时，对于修改、维护都增加了许多工作量。

在创建视图的情况下，客户端只需一条简单的SELECT视图的语句。如果需要修改，也只需修改视图，避免了重复工作。

（4）将对基表的统计、汇总创建为视图。

对于经常要使用的统计、汇总，可以创建为视图，以简化客户端编程的工作量，这样可让客户端开发人员不必关心后台数据的来源。

例如，需要统计各班学生的人数。那么可以创建一个视图，该视图提供了各班人数的汇总结果，客户端开发人员只需从该视图中提取数据即可。

（5）有利于数据的交换操作。

在实际工作中，常常需要在MySQL和其他数据库系统、电子表格之间交换数据，如果数据存放在多个表中，则数据交换比较麻烦。如果通过视图将需要交换的数据集中到一个视图中，那么数据交换时只需将该视图的数据导出，即可达到简化数据交换操作的目的。

也可通过视图更新基表数据。但前提是视图为可更新视图，即可以在INSERT、UPDATE或DELETE等语句当中使用它们。对于可更新的视图，在视图中的行和基表中的行之间必须具有一对一的关系。包含如下语句的视图都不可更新：聚合函数、DISTINCT关键字、GROUP BY子句、ORDER BY子句、HAVING子句、UNION运算符、位于选择列表中的子查询、FROM子句中包含多个表、SELECT语句中引用了不可更新的视图。

任务9.1 创建视图

视图的创建者必须拥有数据库所有者授予的创建视图的权限才可以创建视图，同时，也必须对定义视图时所引用的表具有相应的权限。

创建视图的基本语法如下：

```
CREATE VIEW view_name
AS
   select_statement;
```

【问题9.1】使用MySQL语句。在xk数据库中创建视图v_student。该视图只显示班级编号为“20000002”的学生信息（视图应用：显示来自基表的部分行数据）。

（1）在 SQL 编辑器中执行如下 SQL 语句：

```
CREATE VIEW v_student
AS
    SELECT *
    FROM student
    WHERE classNo='20000002';
```

（2）视图创建成功。如图 9-3 所示，在“导航栏”窗口中展开 xk 数据库，可以看到视图“v_student”。视图和表在一个层级，注意观察视图前的图标和表有所区别。

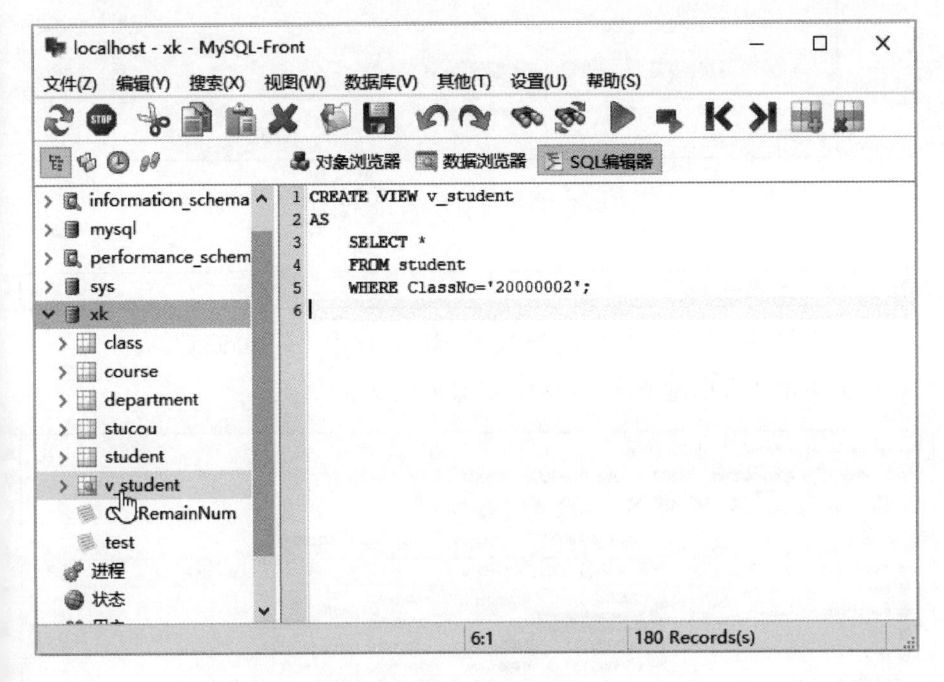

图 9-3 创建视图

（3）对视图可以像对表那样操作。用户可以通过查询语句查看视图的显示结果。在 SQL 编辑器中执行如下 SQL 语句并观察结果。

```
SELECT * FROM v_student;
```

【问题 9.2】在 MySQL-Front 中查看或修改视图的属性。

具体操作步骤如下：

（1）在“导航栏”窗口中展开 xk 数据库。

（2）右击“v_student”，选择“属性”，如图 9-4 所示，可在“名称”右侧输入新的视图名称，也可在“选择”下方重新输入视图定义的代码。

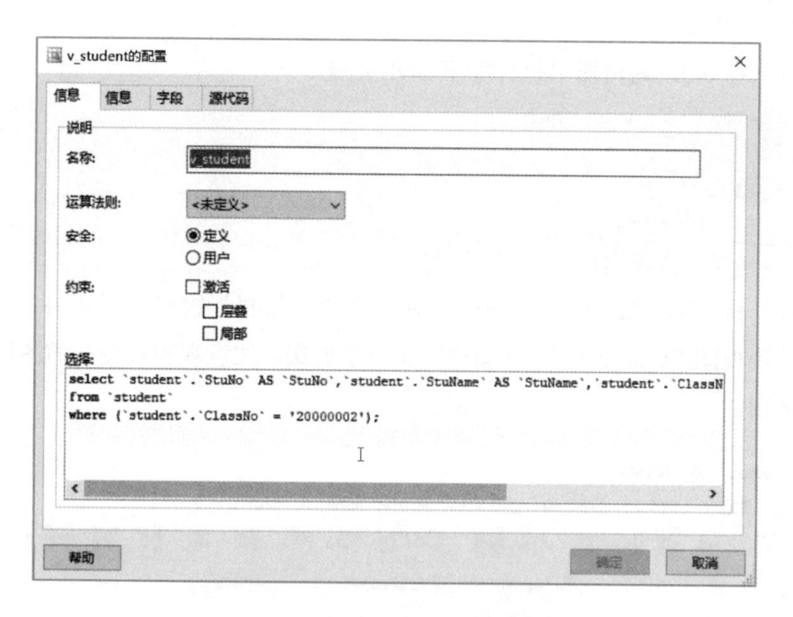

图 9-4 修改视图名称、源代码

【问题 9.3】在 MySQL-Front 中查看视图的返回结果。

（1）在“导航栏”窗口中展开 xk 数据库，选中“v_student”。

（2）单击“数据浏览器”选项，结果如图 9-5 所示。

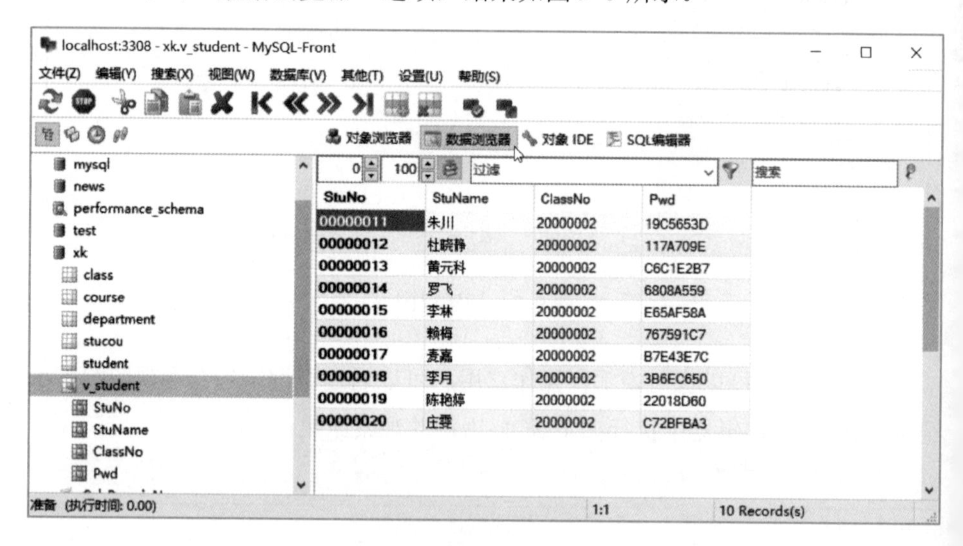

图 9-5 视图的返回结果

【问题 9.4】使用 MySQL 语句在 xk 数据库中创建视图 v_coursesub。该视图仅显示课程名称和学分两列（视图应用：显示来自基表的部分列数据）。

（1）在 SQL 编辑器中执行如下 SQL 语句：

```
CREATE VIEW v_coursesub
```

```
AS
    SELECT CouName,Credit
    FROM course;
```

（2）在 SQL 编辑器中执行如下 SQL 语句，观察视图 v_coursesub 的结果。

```
SELECT * FROM v_coursesub;
```

【问题 9.5】使用 MySQL 语句在 xk 数据库中创建视图 v_stucou。该视图显示学生选修课程的信息，内容包括学号、姓名、课程名称（视图应用：将两个或多个基表、视图的连接组成的复杂查询创建为视图）。

该问题涉及 student、course 与 stucou 表，需要写出 2 个连接条件：WHERE student.StuNo=stucou.StuNo AND course.CouNo=stucou.CouNo。

（1）在 SQL 编辑器中执行如下 SQL 语句：

```
CREATE VIEW v_stucou
AS
    SELECT student.StuNo,StuName,CouName
    FROM stucou,student,course
    WHERE stucou.StuNo=student.StuNo AND
          stucou.CouNo=course.CouNo;
```

（2）在 SQL 编辑器中执行如下 SQL 语句，观察视图 v_coursesub 的结果。

```
SELECT * FROM v_stucou;
```

【提示】创建视图时，建议先测试 SELECT 语句（语法中 AS 后的部分）是否能正确执行，测试正确后，再加上 CREATE VIEW 视图名　AS 创建相应的视图（必要条件，非充分条件，也就是说，SELECT 语句测试成功，不一定能保证视图能创建成功）。如在问题 9.5 中可先在 SQL 编辑器中执行如下 SELECT 语句：

```
SELECT student.StuNo,StuName,CouName
FROM stucou,student,course
WHERE stucou.StuNo=student.StuNo AND stucou.CouNo=course.CouNo
```

测试成功后再加上 CREATE VIEW v_stucou AS 语句。

【问题 9.6】使用 MySQL 语句创建视图 v_coubydep。该视图可以显示各部门开设选修课程的门数（视图应用：将对基表的统计、汇总创建为视图）。

统计各部门开设的选修课程门数需要按部门编号 DepartNo 分组统计。

（1）创建视图，在 SQL 编辑器中执行如下 SQL 语句：

```
CREATE VIEW v_coubydep
AS
    SELECT DepartNo,COUNT(*) Amount
    FROM course
    GROUP BY DepartNo;
```

（2）在 MySQL-Front 中查看该视图的返回结果，如图 9-6 所示。

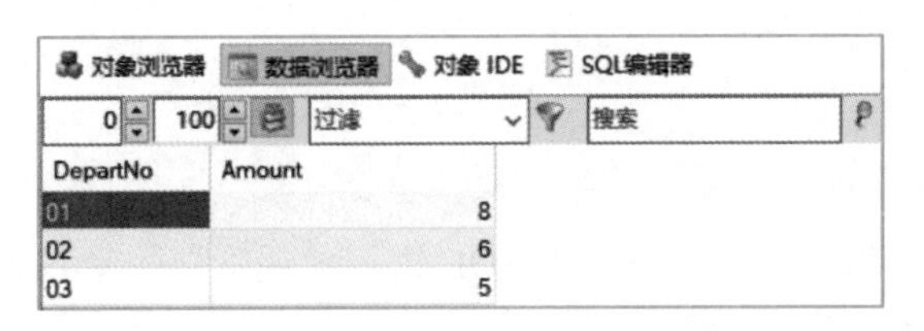

图 9-6 视图 V_coubydep 的返回结果

在创建视图时，注意视图必须满足以下几点限制。

（1）与 SQL Server 不同，MySQL 中视图可以包含 ORDER BY 关键字。但还是不建议在视图中使用 ORDER BY，可在前端开发时再根据实际情况排序。

（2）如果视图中的某一列是一个算术表达式、函数或者常数，而且视图中的两个或者多个不同列拥有一个同样的名字（这种情况通常是因为视图的定义中有一个连接，而且这两个或者多个来自不同表的列拥有同样的名字），那么用户就需要为视图的每一列指定列的名称。

【问题 9.7】查看 xk 数据库中的视图。

在 SQL 编辑器中执行如下 SQL 语句：

```
SHOW TABLES;    /*查看表、视图*/
SHOW CREATE VIEW v_stucou;  /*查看视图 v_stucou 的定义*/
DESCRIBE v_stucou;   /*查看视图 v_stucou 的结构*/
```

任务 9.2 修改视图

修改视图使用 ALTER VIEW 语句。基本语法如下：

```
ALTER VIEW view_name
AS
    select_statement;
```

【问题 9.8】使用 MySQL 语句修改视图 v_coubydep，使其能显示各部门开设选修课程的门数。要求显示部门代码、部门名称。

该题使用 course、department 表，两个表之间的连接条件为：department.DepartNo=course.DepartNo。

（1）在 SQL 编辑器中执行如下 SQL 语句：

```
ALTER VIEW v_coubydep
AS
SELECT course.DepartNo,DepartName,COUNT(*) Amount
FROM course,department
WHERE course.DepartNo=department.DepartNo
GROUP BY course.DepartNo,DepartName;
```

（2）自行验证修改后的视图结果。

任务 9.3 删除视图

删除视图使用 DROP VIEW 语句。

【问题 9.9】使用 MySQL 语句删除视图 v_student。

（1）在 SQL 编辑器中执行如下 SQL 语句：

```
DROP VIEW v_student;
```

（2）自行在 MySQL-Front 中验证该视图已删除。

【问题 9.10】使用 MySQL-Front 删除视图 v_coursesub。

（1）在“导航栏”窗口中展开 xk 数据库。

（2）如图 9-7 所示，右击“v_coursesub”，在弹出的快捷菜单中选择“删除”命令。在弹出的对话框中单击“是”按钮，确认删除。

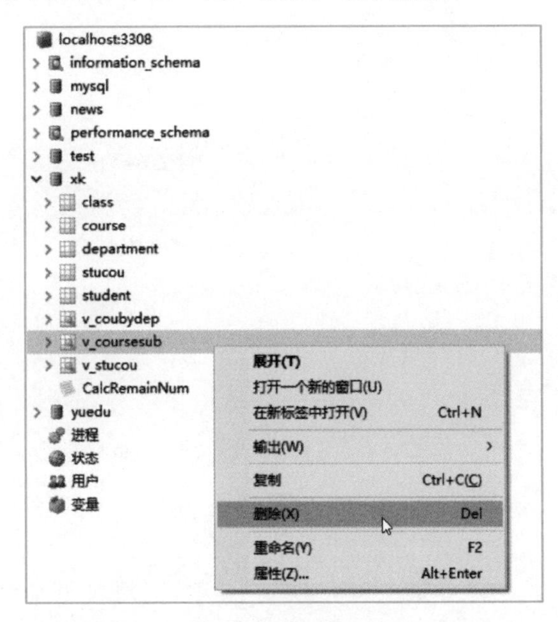

图 9-7 删除视图

单元小结

在本单元：

- 了解视图的作用以及在什么情况下创建视图。
- 会使用 SQL-Front 和 MySQL 语句（CREATE VIEW、ALTER VIEW、SHOW CREAT VIEW、DROP VIEW）创建、修改、查看、删除视图。

思考与练习

1．谈谈自己对视图作用的理解，并举例说明。

2．视图中的 SELECT 语句后跟“*”取所有列好不好？为什么？

实训 参考答案

实训

本实训使用 Sale 数据库。

1．创建视图 v_sale1，显示销售日期、客户编号、客户姓名、产品编号、产品名称、单价、销售数量和销售金额。

2．创建视图 v_sale2，统计每种产品的销售数量和销售金额。统计结果包括：产品编号、产品名称、单价、销售数量和销售金额。

3．创建视图 v_sale3，统计销售金额在 10 万元以下的产品信息。

单元 10

创建与管理存储过程

学习目标

【知识目标】

- 理解存储过程的作用。
- 学会如何创建、修改、查看、删除存储过程。
- 理解存储过程中参数的作用。

【技能目标】

- 能根据需要创建、修改、查看和删除存储过程。
- 能根据实际需要在存储过程中定义并使用输入参数、输出参数。

任务陈述

每个班的班主任都需要经常查看他们班的学生选修课程信息；教务处的老师经常需要查看某个部门开设的选修课程情况、选修某一门课程的学生情况等。现在需要在学生选课数据库中创建带有参数的存储过程，在需要的时候调用执行该存储过程，也可以在需要的时候修改或删除存储过程。

知识学习

存储过程基本概念

当客户程序需要访问服务器上的数据时，如果直接执行 MySQL 语句，一般要经过如下几个步骤：

（1）将 MySQL 语句发送到服务器。

（2）服务器编译 MySQL 语句。

（3）优化产生查询执行计划。

（4）数据库引擎执行查询计划。

（5）执行结果返回客户程序。

存储过程能被编译和优化。当首次执行存储过程时，MySQL 为其产生查询计划并将其保留在内存中，以后在调用该存储过程时不必再进行编译，在一定程度上能改善系统的性能。

使用存储过程，可以将一些固定的操作集中起来交给 MySQL 数据库服务器，以完成某个任务。

存储过程与视图搭配

在存储过程中也会经常用到视图，存储过程在视图基础上结合 SQL 语句进一步完成更复杂的操作。

任务 10.1 创建和执行存储过程

微课
创建与管理存储过程

创建存储过程

创建存储过程的基本语法如下：

```
CREATE PROCEDURE p_name()
BEGIN
    过程体
```

```
END
```

【问题 10.1】使用 MySQL 语句，在 xk 数据库中创建存储过程 p_student。该存储过程返回 student 表中班级编号为“20000001”的所有数据行（无参数示例）。

（1）在 SQL 编辑器中执行如下 SQL 语句：

```
USE xk;
CREATE PROCEDURE  p_student()
BEGIN
   SELECT * FROM student WHERE classNo='20000001';
END
```

执行后，存储过程创建成功。

（2）查看存储过程。

方法 1：在“导航栏”窗口中展开 xk 数据库，可以看到存储过程“p_student”，如图 10-1 所示。存储过程和表、视图在一个层级，注意观察存储过程前的图标和表、视图有所区别。

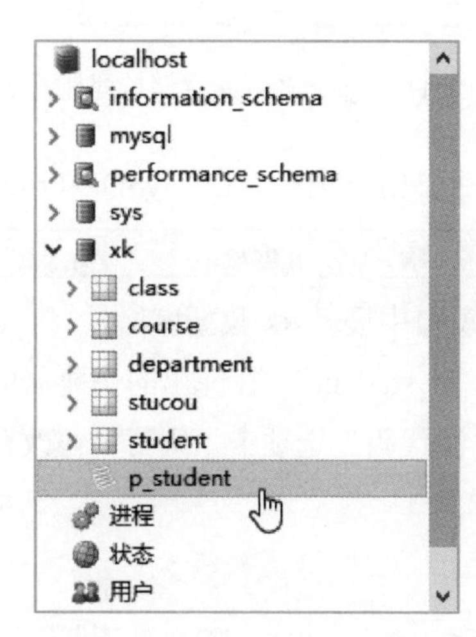

图 10-1 观察创建好的存储过程

方法 2：在命令行窗口下可使用 SQL 语句查看存储过程。

显示 xk 数据库中的存储过程语句如下：

```
SELECT name FROM mysql.proc WHERE db='xk';    或者
SHOW PROCEDURE STATUS WHERE db='xk';
```

显示存储过程 p_student 的定义语句如下：

```
SHOW CREATE PROCEDURE p_student;
```

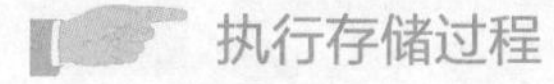

执行存储过程

存储过程创建成功后，用户可以通过执行存储过程来检查存储过程的返回结果。执行存储过程的基本语法如下：

```
CALL procedure_name;
```

【问题 10.2】使用 MySQL 语句执行存储过程 p_student。

在 SQL 编辑器中执行如下 SQL 语句：

```
CALL p_student();
```

执行完毕后，在查询结果窗口中返回的结果如图 10-2 所示。

StuNo	StuName	ClassNo	Pwd
00000001	林斌	20000001	47FE680E
00000002	彭少帆	20000001	A946EF8C
00000003	曾敏馨	20000001	777B2DE7
00000004	张晶晶	20000001	EDE4293B
00000005	曹业成	20000001	A08E56C4
00000006	甘蕾	20000001	3178C441
00000007	凌晓文	20000001	B7E6F4BE
00000008	梁亮	20000001	BFDEB84F
00000009	陈燕珊	20000001	A4A0BDFF
00000010	韩霞	20000001	4033A878

图 10-2 通过执行存储过程显示存储过程是否创建及其结果

存储过程创建成功后，用户也可以在 MySQL-Front 中修改存储过程。

【问题 10.3】在 MySQL-Front 中查看、修改存储过程 p_student。

（1）在“导航栏”窗口中展开 xk 数据库。

（2）右击存储过程“p_student”，在弹出的快捷菜单中选择“属性”命令。如图 10-3 所示，选择“源代码”选项卡，则可以修改存储过程的名字及定义。

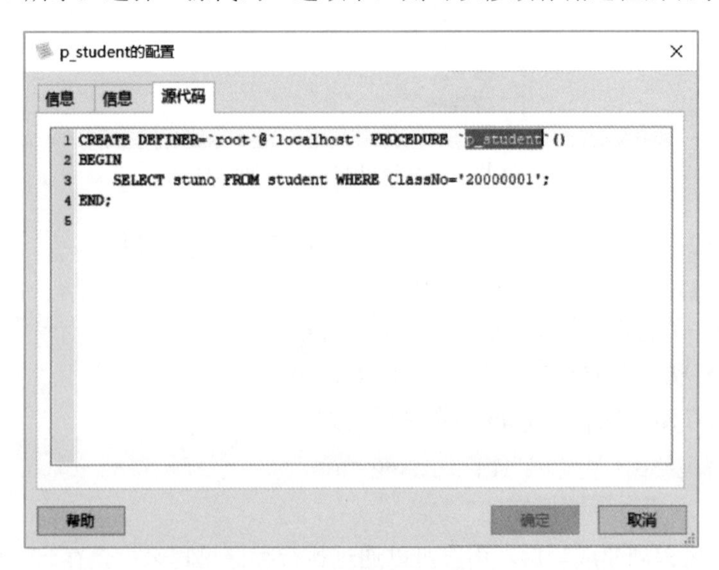

图 10-3 查看、修改存储过程 p_student

任务 10.2　删除存储过程

【问题 10.4】使用 MySQL-Front 删除存储过程 p_student。

具体操作步骤如下：

（1）在“导航栏”窗口中展开 xk 数据库。

（2）如图 10-4 所示，右击“p_student”，在弹出的快捷菜单中选择“删除”命令。

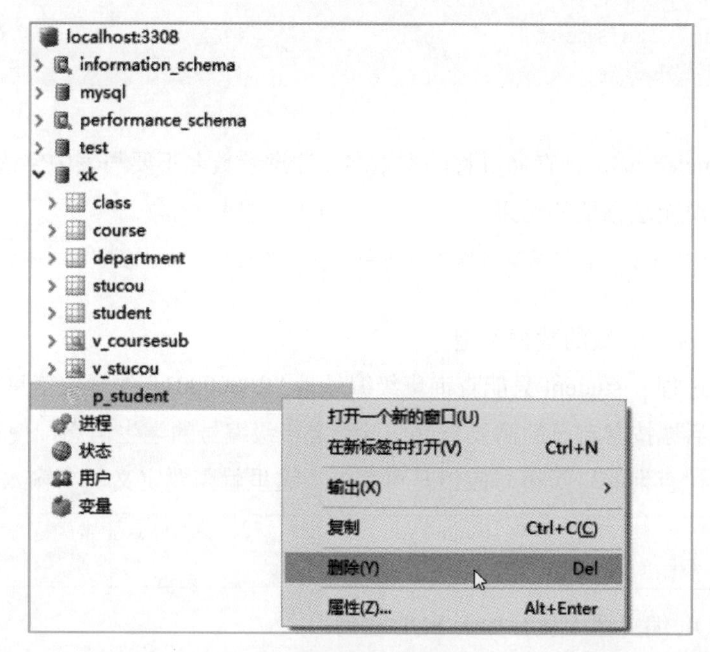

图 10-4　删除存储过程

（3）如果确认删除，在弹出的对话框中单击“是”按钮，此处选择“否”按钮不删除。

【问题 10.5】使用 MySQL 语句删除存储过程 p_student。

（1）在 SQL 编辑器中执行如下 SQL 语句：

```
DROP PROCEDURE p_student;
```

（2）自行在 MySQL-Front 中验证该存储过程已删除。

任务 10.3　创建和执行带参数的存储过程

在存储过程中定义输入参数、输出参数，可以多次使用同一存储过程并按用户给出的要求查找所需要的结果。

创建带输入参数的存储过程

执行存储过程时需要将值传递给存储过程中的一个变量或多个变量，可在创建存储过程时将这些变量定义为输入参数，并说明数据类型。在执行存储过程时要给出输入参数的值，值的个数和数据类型要与定义参数时相同和一致。

声明带输入参数存储过程的语法如下：

```
CREATE PROCEDURE procedure_name(parameter_name datatype, parameter_
name datatype,...)
BEGIN
    sql_statement
END
```

其中：

parameter_name：存储过程的参数名。注意参数名不要与表中字段名相同，否则将出现无法预期的结果。

【注意】在 SQL Server 中参数名和字段名相同是可以的，而且为了程序的可读性，经常使用同名的方式进行命名。

datatype：参数的数据类型。

存储过程 p_student 只能查询班级编号为“20000001”的学生信息。要使用户能够灵活地按着自己的需要查询任意给定班级编号的学生信息，使存储过程更加灵活，查询的班级编号应该是可变的，这里就需要定义一个输入参数。

【问题 10.6】使用 MySQL 语句创建存储过程 p_studentPara。该存储过程能根据任意给定的班级编号，返回该班级编号所对应的班级学生信息。

在 SQL 编辑器中执行如下 SQL 语句：

```
CREATE PROCEDURE p_studentPara(pClassNo varchar(8))
BEGIN
    SELECT * FROM student WHERE ClassNo=pClassNo;
END
```

【注意】输入参数的数据类型要与 student 表中 ClassNo 的数据类型相同。

执行带输入参数的存储过程

在执行存储过程的语句中，按照输入参数的位置直接给出参数值。当存储过程含有多个输入参数时，参数值的顺序必须与存储过程中定义的输入参数顺序一致。

执行存储过程的语法如下：

```
CALL procedure_name(value1,value2,…);
```

【问题 10.7】执行存储过程 p_studentPara，分别查找班级编号为“20000001”“20000002”的所有学生信息。

在 SQL 编辑器中执行如下 SQL 语句：

```
CALL p_studentPara ('20000001');
CALL p_studentPara ('20000002');
```

执行结果如图 10-5 所示，为执行带不同参数时该存储过程的返回结果。选择“Result1”“Result2”分别查看对应语句执行的结果。可以看出，使用参数后，用户可以方便、灵活地根据需要查询所需要的信息。

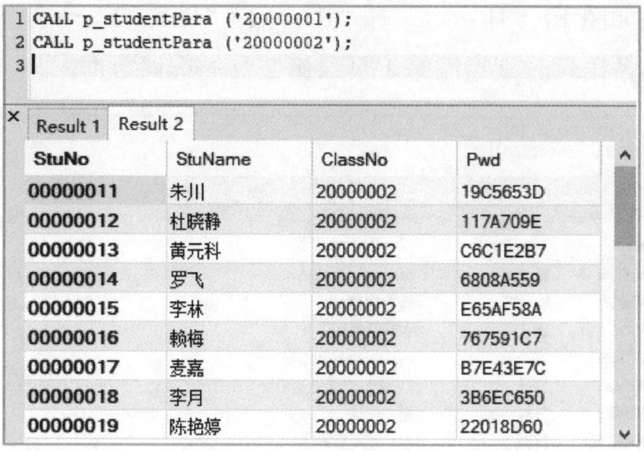

```
1 CALL p_studentPara ('20000001');
2 CALL p_studentPara ('20000002');
3
```

Result 1　Result 2

StuNo	StuName	ClassNo	Pwd
00000011	朱川	20000002	19C5653D
00000012	杜晓静	20000002	117A709E
00000013	黄元科	20000002	C6C1E2B7
00000014	罗飞	20000002	6808A559
00000015	李林	20000002	E65AF58A
00000016	赖梅	20000002	767591C7
00000017	麦嘉	20000002	B7E43E7C
00000018	李月	20000002	3B6EC650
00000019	陈艳婷	20000002	22018D60

图 10-5　执行带参数的存储过程

【问题 10.8】修改存储过程 p_studentPara，只显示学号、姓名。

首先删除已经创建的存储过程 p_studentPara，然后再重新创建。

（1）在 SQL 编辑器中执行如下 SQL 语句：

```
DROP PROCEDURE IF EXISTS p_studentPara;
CREATE PROCEDURE p_studentPara(pClassNo nvarchar(8))
BEGIN
    SELECT StuNo,StuName FROM student WHERE ClassNo=pClassNo;
END
```

（2）在 SQL 编辑器中执行如下 SQL 语句：

```
CALL p_studentPara ('20000001');
CALL p_studentPara ('20000002');
```

观察结果，可以看到只输出了学号和姓名列。

【问题 10.9】使用 MySQL 语句创建存储过程 p_stucou。该存储过程能根据给定的页号、每页显示数据行数返回对应的选课数据（问题 9.5 已创建视图 v_stucou）。

在 SQL 编辑器中执行如下 SQL 语句：

```
DROP PROCEDURE IF EXISTS p_stucou;
CREATE PROCEDURE p_stucou(pageNo int, rows int)
BEGIN
```

```
    DECLARE start INT DEFAULT 0;
    SET start=(pageNo-1)*rows;
    SELECT * FROM v_stucou LIMIT start,rows;
END
```

测试，在 SQL 编辑器中执行如下 SQL 语句：

```
CALL p_stucou(1,10);
CALL p_stucou(2,15);
```

执行结果如图 10-6 所示，选择“Result1”“Result2”分别查看对应语句执行的结果。两条语句分别返回第 1 页、第 2 页的选课数据。

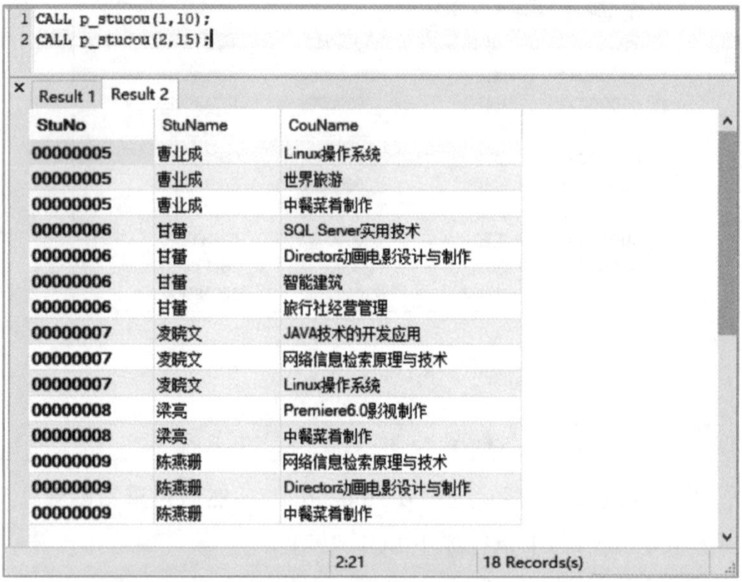

```
1 CALL p_stucou(1,10);
2 CALL p_stucou(2,15);
```

Result 1　Result 2

StuNo	StuName	CouName
00000005	曹业成	Linux操作系统
00000005	曹业成	世界旅游
00000005	曹业成	中餐菜肴制作
00000006	甘蕃	SQL Server实用技术
00000006	甘蕃	Director动画电影设计与制作
00000006	甘蕃	智能建筑
00000006	甘蕃	旅行社经营管理
00000007	凌晓文	JAVA技术的开发应用
00000007	凌晓文	网络信息检索原理与技术
00000007	凌晓文	Linux操作系统
00000008	梁亮	Premiere6.0影视制作
00000008	梁亮	中餐菜肴制作
00000009	陈燕珊	网络信息检索原理与技术
00000009	陈燕珊	Director动画电影设计与制作
00000009	陈燕珊	中餐菜肴制作

2:21　18 Records(s)

图 10-6　分页查询存储过程

【问题 10.10】使用 MySQL 语句创建存储过程 p_DelStu，根据任意给定的学号删除该学生的信息。

该题需要定义一个输入参数，数据类型与 student 表的 StuNo 列的数据类型 varchar(8)相同。

（1）在 SQL 编辑器中执行如下 SQL 语句：

```
CREATE PROCEDURE  p_DelStu (DelStuNo VARCHAR(8))
BEGIN
  DELETE FROM student WHERE StuNo=DelStuNo;
END
```

（2）测试，在 SQL 编辑器中执行如下 SQL 语句：

```
SELECT * FROM student WHERE StuNo='02000053';
SELECT * FROM stucou WHERE StuNo='02000053';
```

该学号的学生并没有选课。可以调用存储过程删除这个学生。

```
CALL p_DelStu('02000053');
```

观察 student 表，可以看到已经删除了学号为'02000053'的学生。

【问题 10.11】使用 MySQL 语句创建存储过程 p_InsertDepart。向 department 表任意插入一个部门信息，部门编号、部门名称的值在执行存储过程时给出。

该题需要定义两个输入参数，数据类型分别与 department 表中的 DepartNo 和 DepartName 两列的数据类型相同。

（1）在 SQL 编辑器中执行如下 SQL 语句：

```
USE xk;
CREATE PROCEDURE p_InsertDepart (DNo varchar(2),DName char(20))
BEGIN
   INSERT INTO department VALUES(DNo, DName);
END
```

（2）测试。

```
SELECT * FROM department;
```

执行存储过程向 department 表中输入“04”和“应用外语系”。将值分别赋值给两个用户变量。

```
SET @DN='04';
SET @DM='应用外语系';
CALL p_InsertDepart(@DN,@DM);
```

查询 department 表，已经将数据插入到该表中。

创建与执行带输出参数的存储过程

在需要从存储过程中返回一个或多个值时，可以在创建存储过程的语句中定义这些输出参数，此时需要在 CREATE PROCEDURE 语句中使用 OUT 关键字说明是输出参数。

【问题 10.12】使用 MySQL 语句修改存储过程 p_studentPara。该存储过程能根据给定的班级编号，返回该班级编号对应的所有学生信息。还能够以输出参数的形式得到该班级学生人数。

需要先删除 p_studentPara，然后重新创建这个存储过程，重新创建的存储过程中增加了输出参数，数据类型为整数类型，用来返回所查询班级的学生人数。

（1）在 SQL 编辑器中执行如下 SQL 语句：

```
DROP PROCEDURE IF EXISTS p_studentPara;
CREATE PROCEDURE p_studentPara(pClassNo nvarchar(8),OUT Count int)
BEGIN
    SET Count=(SELECT COUNT(*) FROM student WHERE ClassNo=
pClassNo);
    SELECT StuNo,StuName FROM student WHERE ClassNo=pClassNo;
END
```

执行带输出参数的存储过程时，需要定义变量接收输出参数返回的值。这里定义的变量名为@Count，它是一个用户变量，可直接使用。

（2）在 SQL 编辑器中执行如下 SQL 语句：

```
CALL p_studentPara('20000001',@Count);
SELECT @Count
```

执行结果如图 10-7 所示，可以看到不但输出了该班级的学生名单，还以变量@Count 的形式得到了该班级的人数。

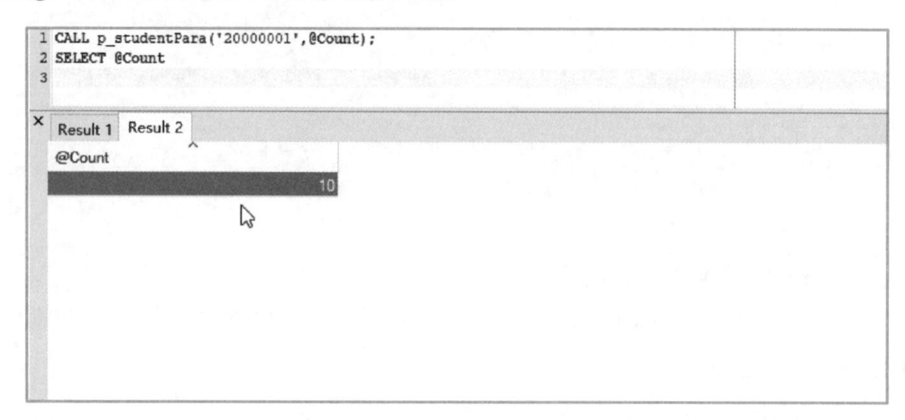

图 10-7 执行带输出参数的存储过程

【问题 10.13】使用 MySQL 语句创建存储过程 p_SelectInto，根据任意给定的课程编号，将该课程名称赋值给 CName、将报名人数赋值给 dNum 返回。

该题需要定义 1 个输入参数、2 个输出参数。

（1）在 SQL 编辑器中执行如下 SQL 语句：

```
USE xk;
CREATE PROCEDURE p_SelectInto(CNo varchar(3),OUT CName varchar
(30),OUT dNum double )
BEGIN
 SELECT CouName,WillNum INTO CName, dNum
 FROM course
 WHERE CouNo=CNo;
 SELECT CName, dNum;
END
```

（2）测试。在 SQL 编辑器中执行如下 SQL 语句：

```
CALL p_SelectInto ('009',@S,@P);
SELECT @S,@P;
```

执行结果如图 10-8 所示，注意鼠标的位置。可看到两个变量的值。

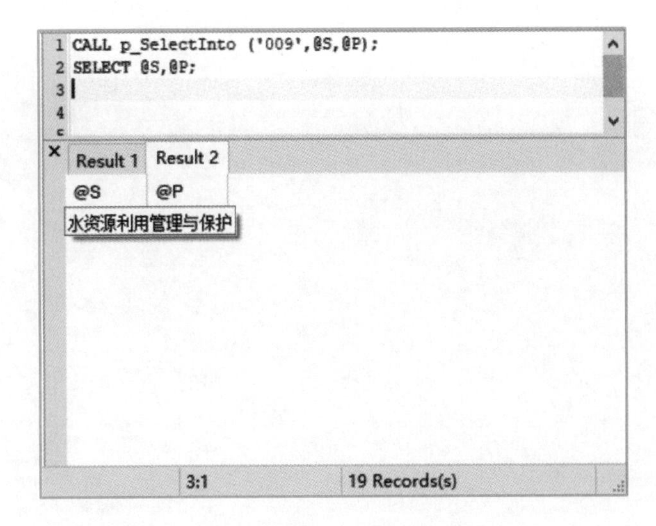

图 10-8　执行带两个输出参数的存储过程

单元小结

在本单元:

- 理解存储过程的用途。
- 掌握使用 MySQL-Front 和 MySQL 语句（CREATE PROCEDURE、SHOW PROCEDURE、DROP PROCEDURE 等）创建、修改、查看、删除存储过程的方法。
- 能根据实际需要在存储过程中定义和使用输入参数、输出参数。
- 熟练掌握分页技巧，这是项目开发中的常用功能。

思考与练习

1．存储过程的作用是什么？

2．什么是输入参数、输出参数？参数有什么好处？

实训

实训　参考答案

本实训使用 Sale 数据库。

1．创建存储过程 p_sale1，统计每种产品的销售数量和销售金额。

2．创建存储过程 p_sale2，能够根据指定的客户统计汇总该客户购买每种产品的数量和花费金额。

单元 11

创建与管理触发器

学习目标

【知识目标】

- 理解触发器的作用。
- 理解触发器的适用场景。
- 理解 NEW 表和 OLD 表

【技能目标】

- 能根据需要设计触发器。
- 应能熟练创建、修改、删除触发器。

任务陈述

在学生选课数据库中，每当学生报名、取消选修课程时，都需要更新课程表中相应课程的报名人数。现在需要编写程序，当学生报名或取消选修课程时，程序会自动更新课程表的报名人数信息。

在学生选课数据库中创建触发器，并根据需要修改、删除触发器。

知识学习

触发器是一种特殊类型的存储过程。存储过程是通过存储过程名称被调用执行，而触发器主要是通过事件触发而被执行的。

触发器的作用

触发器在指定的表进行添加（INSERT）、修改（UPDATE）或删除（DELETE）操作时被触发。触发器可以操作其他表，并可以包含复杂的 SQL 语句。MySQL 将触发器和触发它的语句作为可在触发器内回滚的单个事务对待，如果检测到严重错误，则整个事务即自动回滚，恢复到原来的状态。

触发器的特点

（1）约束和触发器在特殊情况下各有优势。触发器的主要优点在于：它们可以使用 SQL 代码进行复杂逻辑处理。因此，触发器可以支持约束的所有功能，但它在所给出的功能上并不一定是最好的方法。

（2）触发器可以实现比 CHECK 约束更为复杂的约束。CHECK 约束只能根据逻辑表达式或同一表中的另一列来验证列值，而触发器则可以引用其他表中的列。例如，在触发器中可以参照另一个表中某列的值，以确定是否添加或修改数据，或者是执行其他操作。

（3）触发器可通过数据库中的相关表实现级联修改。不过，通过级联引用完整性约束可以更有效地执行这些修改。

是否使用触发器

一般情况下，系统应用的瓶颈常在 DB 上，所以会尽可能地减少 DB 做的事情，把耗时的服务做成 Scale Out（向外扩展）。这种情况下，应尽量减少使用触发器。而如果只是一般的应用，DB 没有性能上的问题，也是可以使用的特别是同样业务逻辑频繁使用的地方。

如企业内部应用，服务器的负载是可控的，特别是系统的访问人数是可控的，可考虑使用触发器节省开发成本。

另外一类互联网行业，如淘宝、京东、微博等，其数据库的压力是非常大的，也往往最容易成为瓶颈，用户量的增速不可控，同时在线访问的用户量也是不可控的。这种情况通常把业务逻辑放到其他语言的代码层，而且可以借助其他方式在软硬件上做负载均衡，从而支持大规模的访问。

总体来说，触发操作能在业务层解决就在业务层解决，否则很难维护，而且容易产生死锁。

NEW 表和 OLD 表

与 SQL Server 中的 INSERTED 和 DELETED 类似，MySQL 中定义了 NEW 和 OLD，用来表示触发器的所在表中触发了触发器的那一行数据的新值和旧值。

具体来说如下。

在 INSERT 触发器中，NEW 用来表示将要（BEFORE）或已经（AFTER）插入的新数据。

在 UPDATE 触发器中，OLD 用来表示将要或已经被修改的原数据，NEW 用来表示将要或已经修改的新数据。

在 DELETE 触发器中，OLD 用来表示将要或已经被删除的原数据。

如 NEW.columnName 表示将要插入的 columnName 列的值。

另外，OLD 的数据是只读的，而 NEW 的数据则可以在触发器中使用 SET 重新赋值，但很少这样做。

任务 11.1　创建触发器

微课
创建与管理触发器

创建触发器使用 CREATE TRIGGER 命令，常用语法形式如下：

```
CREATE TRIGGER trigger_name
trigger_time
trigger_event ON tbl_name
FOR EACH ROW
trigger_stmt
```

参数说明：

trigger_name：标识触发器名称，用户自行指定；

trigger_time：标识触发时机，取值为 BEFORE 或 AFTER；

trigger_event：标识触发事件，取值为 INSERT、UPDATE 或 DELETE；

tbl_name：标识建立触发器的表名，即在哪张表上建立触发器；

trigger_stmt：触发器程序体，可以是一句 SQL 语句，或者用 BEGIN 和 END 包含的多条语句。

由此可见，可以建立 6 种触发器，即：BEFORE INSERT、BEFORE UPDATE、BEFORE DELETE、AFTER INSERT、AFTER UPDATE、AFTER DELETE。

与 SQL Server 不同，MySQL 不能在一个表上建立 2 个相同类型的触发器。

【问题 11.1】创建触发器 Update_Student_Trigger，实现每当修改 student 表中的数据时，在客户端显示“已修改 student 表的数据。”的消息（最基本触发器示例）。

具体操作步骤如下：

（1）在 SQL 编辑器中执行如下 SQL 语句：

```
CREATE TRIGGER Update_Student_Trigger AFTER UPDATE
ON student
FOR EACH ROW
BEGIN
    SET @info='已修改 student 表的数据。';
END
```

（2）测试。观察修改 student 表时是否被触发。在 SQL 编辑器中执行如下 SQL 语句：

```
UPDATE student SET Pwd='11111111' WHERE StuNo='00000001';
SELECT @info;
```

返回的信息说明修改 student 表数据时触发了“Update_Student_Trigger”。

（3）查看当前数据库上的触发器。

在 SQL 编辑器中执行如下 SQL 语句：

```
SHOW TRIGGERS;
```

任务 11.2 删除触发器

【问题 11.2】使用 MySQL-Front 删除触发器 Update_Student_Trigger。

具体操作步骤如下：

（1）在“导航栏”窗口中展开 xk 数据库。

（2）展开“student”。

（3）如图 11-1 所示，右击“Update_Student_Trigger”，在弹出的快捷菜单中选择“删除”命令。

（4）在弹出的对话框中单击“否”按钮完成（在下题中删除）。

【问题 11.3】使用 MySQL 语句删除触发器 UPDATE_student_Trigger。

使用 DROP TRIGGER 可删除触发器，其语法形式如下：

```
DROP TRIGGER {trigger} [ ,...n ]
```

删除表时，MySQL 将会自动删除与该表相关的触发器。

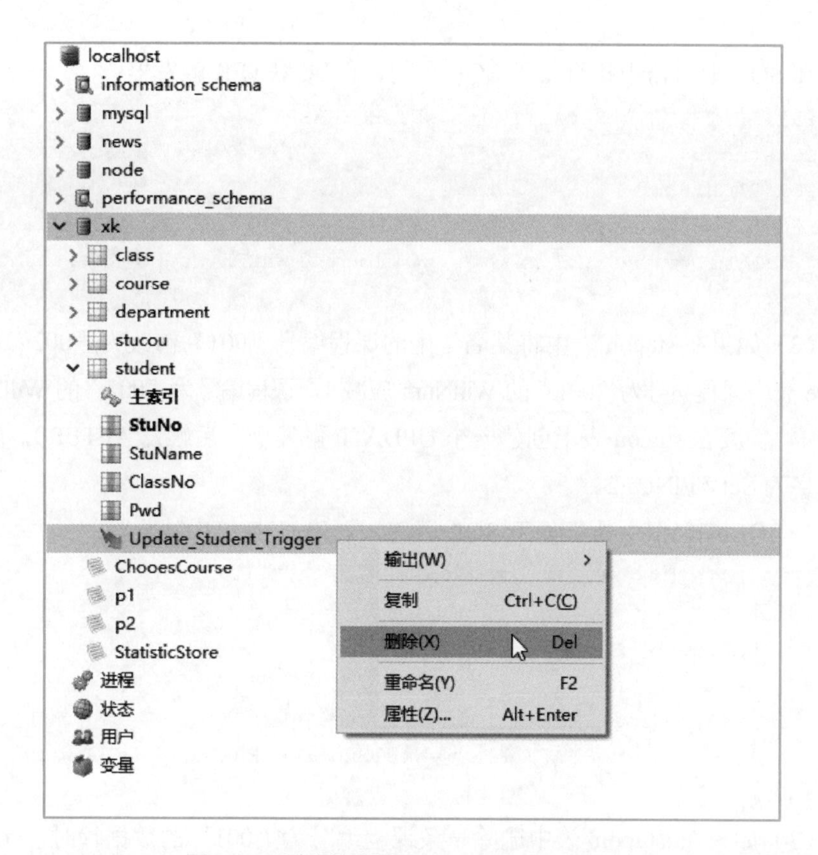

图 11-1　删除触发器 Update_Student _Trigger

在 SQL 编辑器中执行如下 SQL 语句：

```
DROP TRIGGER UPDATE_Student_Trigger
```

在 MySQL 中，只能查看触发器，不能修改触发器。如果需要修改，只能删除原有的触发器，再重新创建触发器，以达到修改的目的。

【为保证本书的连贯性，删除后请按原样恢复。】

任务 11.3　触发器应用实例

【问题 11.4】使用 MySQL 语句创建一个触发器，当添加、修改或删除 stucou 表的选课数据行时，能同时更新 course 表中相应的报名人数。

在 stucou 表和 course 表之间使用触发器业务规则。每当 stucou 表中的数据变化时，都需要修改 course 表中相应课程的 WillNum 值。有以下三种情况。

（1）如果在 stucou 中添加一条课程编号为“001”的数据行后，course 表中课程编号为“001”的 WillNum 应该加 1。需要在 stucou 表上创建一个 INSERT 触发器（后触发 AFTER），触发器名字为 SetWillNum1。

在 SQL 编辑器中执行如下 SQL 语句，创建 AFTER 触发器：

```
CREATE TRIGGER SetWillNum1 AFTER INSERT
ON stucou
FOR EACH ROW
BEGIN
  UPDATE course SET WillNum=WillNum+1 WHERE CouNo=NEW.CouNo;
END;
```

（2）如果在 stucou 表中将某名学生的课程编号“001”修改为“002”后，course 表中课程编号为“001”的 WillNum 应减 1，课程编号为“002”的 WillNum 应加 1。需要在 stucou 表上创建一个 UPDATE 触发器（后触发 AFTER），触发器名字为 SetWillNum2。

在 SQL 编辑器中执行如下 SQL 语句，创建 UPDATE 触发器：

```
CREATE TRIGGER SetWillNum2 AFTER UPDATE
ON stucou
FOR EACH ROW
BEGIN
  UPDATE course SET WillNum=WillNum+1 WHERE CouNo=NEW.CouNo;
  UPDATE course SET WillNum=WillNum-1 WHERE CouNo=OLD.CouNo;
END;
```

（3）如果在 stucou 表中删除一条课程编号为“001”的数据行时，course 表中课程号为“001”的 WillNum 就要减 1。需要在 stucou 表上创建一个 DELETE 触发器（后触发 AFTER），触发器名字为 SetWillNum3。

在 SQL 编辑器中执行如下 SQL 语句，创建 DELETE 触发器：

```
CREATE TRIGGER SetWillNum3 AFTER DELETE
ON stucou
FOR EACH ROW
BEGIN
  UPDATE course SET WillNum=WillNum-1 WHERE CouNo=OLD.CouNo;
END;
```

查看触发器，在 SQL 编辑器中执行如下 SQL 语句：

```
SHOW TRIGGERS;
```

在命令行窗口下查看触发器，还可以输入如下形式的语句：

```
SHOW TRIGGERS\G;
```

下面对触发器进行测试。首先记录 course 表中 CouNo=“002”和 CouNo=“003”的 WillNum 值，在 SQL 编辑器中执行如下 SQL 语句：

```
SELECT * FROM course WHERE CouNo='002';
SELECT * FROM course WHERE CouNo='003';
```

从显示结果可以看到，CouNo 为“002”和“003”的 WillNum 分别为 3

和 30。

测试：stucou 表 UPDATE 触发器 SetWillNum2 在修改 stucou 表后是否被触发。

将 StuNo='00000011'的 CouNo 为“003”的课程编号修改为“002”，在 SQL 编辑器中执行如下 SQL 语句：

```
UPDATE stucou SET CouNo='002' WHERE StuNo='00000011' AND CouNo='003';
```

执行完修改操作后，自动触发了 SetWillNum2 触发器，将 course 表中 CouNo 为“003”课程的 WillNum 自动减 1，而“002”的 WillNum 应自动加 1。

在 SQL 编辑器中执行如下 SQL 语句：

```
SELECT * FROM course WHERE CouNo='002';
SELECT * FROM course WHERE CouNo='003';
```

查看 course 表 CouNo 分别为“002”和“003”的 WillNum 值，可以看到 CouNo 为“002”和“003”的 WillNum 值已分别为 35（34+1）和 29（30-1）。SetWillNum2 触发器程序正确。

stucou 表的 INSERT 触发器、DELETE 触发器的测试请自行完成。

以上三个触发器代码适用于每次新增、删除一行数据的情况，若有批量的数据需要新增、删除，可修改触发器代码如下：

```
/*首先删除创建的 3 个触发器*/
DROP TRIGGER IF EXISTS SetWillNum1;
DROP TRIGGER IF EXISTS SetWillNum2;
DROP TRIGGER IF EXISTS SetWillNum3;

/*在 stucou 上创建 INSERT 触发器*/
CREATE TRIGGER SetWillNum1 AFTER INSERT
ON stucou
FOR EACH ROW
BEGIN
  UPDATE course SET WillNum=(SELECT COUNT(*) FROM stucou WHERE
  CouNo=course.CouNo);
END;

/*在 stucou 上创建 UPDATE 触发器*/
CREATE TRIGGER SetWillNum2 AFTER UPDATE
ON stucou
FOR EACH ROW
BEGIN
  UPDATE course SET WillNum=(SELECT COUNT(*) FROM stucou WHERE
  CouNo=course.CouNo);
```

```
END;

/*在 stucou 上创建 DELETE 触发器*/
CREATE TRIGGER SetWillNum3 AFTER DELETE
ON stucou
FOR EACH ROW
BEGIN
   UPDATE course SET WillNum=(SELECT COUNT(*) FROM stucou WHERE
   CouNo=course.CouNo);
END;
```

上面代码简单、易维护，但每次都会更新 course 表中每行数据的报名人数。

在本单元:

- 掌握触发器及其作用。
- 掌握使用 MySQL-Front 和 MySQL 语句（CREATE TRIGGER、DROP TRIGGER 等）创建、修改、删除触发器的方法。
- 会使用触发器完成业务规则，以达到简化程序设计的目的，但一定要慎用，滥用触发器会导致数据库系统效率下降。

思考与练习

1. 谈谈自己对触发器的理解。
2. OLD 表和 NEW 表的作用是什么？

实训

实训 参考答案

本实训使用 Sale 数据库。创建触发器，实现即时更新每种产品的库存数量。

单元 12

创建与使用游标

学习目标

【知识目标】

- 理解游标的基本概念。
- 理解游标的适用场景。

【技能目标】

- 会根据需要设计游标。
- 掌握游标的创建和使用方法。
- 会在存储过程中使用游标。

任务陈述

小李查看了学生选课数据库中的信息后提出，希望逐行显示查询结果，并希望将查询结果保存在变量中，以便使用程序进行其他的处理。

知识学习

游标的基本概念

游标提供在结果集中逐条浏览数据的功能，用户可以在逐条获取数据的过程中进行一些复杂的业务处理。

游标只能用在存储过程、存储函数中。

游标由游标结果集和游标位置两部分构成。游标结果集为定义游标的 SELECT 语句返回的数据行的集合，游标位置为指向查询结果集某行的当前指针。

使用游标的步骤

游标的操作通常有如下几个步骤：声明游标、打开游标、读取游标位置的数据、关闭游标。

（1）声明游标。使用 DECLARE CURSOR 语句声明一个游标，为游标指定获取查询结果集的 SELECT 语句，其语法格式如下：

```
DECLARE cursor_name CURSOR
FOR select_statement
```

其中：

cursor_name：指定要声明游标的名称。

select_statement：定义产生游标结果集的 SELECT 语句。

微课
创建与使用游标

（2）使用 OPEN 语句打开该游标。打开游标后，游标的位置为结果集的第一行。语法格式如下：

```
OPEN cursor_name
```

（3）使用 FETCH 语句从结果集中读取一行数据。语法格式如下：

```
FETCH cursor_name [INTO variable_name [ ,...n ] ]
```

其中：

INTO variable_name[,...n]：将读取的数据依次保存到变量中，注意变量名称不要和表中的字段名称同名。

（4）使用 CLOSE 语句关闭游标，结束动态游标的操作并释放资源。语法格式为：

```
CLOSE cursor_name
```

任务 12　游标演练

【问题 12.1】使用游标显示 course 表中的两条记录。

（1）在 SQL 编辑器中执行如下 SQL 语句：

```
DROP PROCEDURE IF EXISTS c_test;
CREATE PROCEDURE c_test()
BEGIN
    DECLARE tmpCouNo varchar(30) default '' ;
    DECLARE tmpCouName varchar(30) default '' ;
    DECLARE CrsCourse CURSOR FOR SELECT CouNo,CouName FROM course
    ORDER BY CouNo;
    OPEN CrsCourse;
    FETCH CrsCourse INTO tmpCouNo,tmpCouName;
    SELECT tmpCouNo,tmpCouName;
    FETCH CrsCourse INTO tmpCouNo,tmpCouName;
    SELECT tmpCouNo,tmpCouName;
    CLOSE CrsCourse;
END;
```

（2）测试。在 SQL 编辑器中执行如下 SQL 语句：

```
CALL c_test();
```

观察结果，返回了 course 表中前两条记录的数据。

【问题 12.2】使用游标逐行显示 course 表中的 CouNo 和 CouName 两列。

（1）在 SQL 编辑器中执行如下 SQL 语句：

```
DROP PROCEDURE IF EXISTS c_test;
CREATE PROCEDURE c_test ()
BEGIN
   DECLARE tmpCouNo varchar(3) default '' ;
   DECLARE tmpCouName varchar(30) default '' ;
   DECLARE CrsCourse CURSOR FOR SELECT CouNo,CouName FROM course
   ORDER BY CouNo;
   DECLARE CONTINUE HANDLER FOR SQLSTATE '02000' SET tmpCouNo=
   NULL;
   OPEN CrsCourse;
   FETCH CrsCourse INTO tmpCouNo,tmpCouName;
   WHILE ( tmpCouNo IS NOT NULL) DO
      SELECT tmpCouNo,tmpCouName;
      FETCH CrsCourse INTO tmpCouNo,tmpCouName;
  END WHILE;
  CLOSE CrsCourse;
```

```
END;
```

关于 DECLARE CONTINUE HANDLER FOR SQLSTATE '02000' SET tmpCouNo = NULL 语句的说明：

“02000”主要代表的意思可以为发生下述异常之一：

- SELECT INTO 语句或 INSERT 语句的子查询的结果为空表。
- 在搜索的 UPDATE 或 DELETE 语句内标识的行数为零。
- 在 FETCH 语句中引用的游标位置处于结果表最后一行之后。

这里表示当 FETCH 游标到了数据库表格最后一行的时候，设置 tmpCouNo= NULL，后续 WHILE 循环检测到此条件将退出循环，也就达到了遍历的目的。

（2）测试。在 SQL 编辑器中执行如下 SQL 语句：

```
CALL c_test ();
```

观察结果，遍历返回了 course 表中所有记录的数据。

单元小结

在本单元：

- 了解游标特别适合于需逐行处理数据的过程，此时通常是常用 SQL 语句处理不了的情况。
- 掌握如何使用游标，如何在存储过程中应用游标。
- 能合理地将客户端循环处理表的代码转换为存储过程，并用游标来处理，从而有效提高数据的处理速度和降低网络流量。

思考与练习

1．游标支持哪些功能？
2．简述使用游标的步骤。
3．游标的效率如何？在什么情形下需要使用游标？
4．SQLSTATE 有何作用？

实训

本实训使用 Sale 数据库。

创建存储过程 P_SelProduct，使用游标逐行显示 Product 表中的 ProNo 和 ProName 两列。

单元 13

事务

学习目标

【知识目标】

- 掌握事务的概念和特性。
- 了解使用事务的方法。

【技能目标】

- 掌握事务的使用场景。
- 会在程序中使用事务。

学生选课数据库只允许每名学生最多报 5 个志愿，学生网上报名选修课程时，如果超过 5 门，则程序能进行判断并自动进行处理。

在使用 MySQL 中，当多人同时修改学生选课数据库 xk 中的课程表 course，或者多人同时在网上报名选修课程，或者多人同时查看选修课程的信息，即多人同时对数据库中的表进行添加、修改或删除操作时，选课数据会不会出现问题？

知识学习

事务的基本概念

事务是一系列 SQL 操作的逻辑工作单元，有着非常明确的开始和结束点，当系统把这些操作语句当成一个事务时，要么执行所有的语句，要么都不执行。

事务具有原子性（Atomic）、一致性（Consistent）、隔离性（Isolated）和持久性（Durable），简称为 ACID。

（1）原子性：事务必须是一个整体的工作单元，事务中对于数据的操作要么全都执行，要么全都不执行。

（2）一致性：事务完成时，所有的数据都必须保持一致状态。在相关的数据库中，所有的规则都必须由事务进行修改，以保证所有数据的完整性。当事务结束时，所有的内部数据结构都必须是正确的。

（3）隔离性：由并发事务所作的修改必须与任何其他并发事务所作的修改隔离开，保证事务查看数据时数据所处的状态，即只能是另一并发事务修改它之前的状态或者是另一事务修改它之后的状态，而不能查看到中间状态的数据。

微课
事务

（4）持久性：事务完成之后，事务对数据库中的数据操作会被永久保存下来。

例如，银行两个账号之间进行转账。账号 A（有足够金额）转出 10 000 元至账号 B 上，此转账业务可分解为：首先账号 A 扣掉 10 000 元；其次账号 B 增加 10 000 元。当然这两项操作或者同时成功（转账成功），或者同时失败（转账失败）。但是如果只有其中一项操作成功，则是不可接受的。如果发生这样的情况，即当一个事务中只有部分操作成功时，就回滚事务到没进行转账前的状态，就好像什么操作都没有发生一样。

MySQL 是否支持事务和表的存储引擎有关。MyISAM 不支持事务，用于只读程序提高性能，InnoDB 支持 ACID 事务。

本单元练习请确保表的存储引擎为 InnoDB。

事务管理的常用语句

MySQL 中常用的事务管理语句包括如下几个：

（1）BEGIN 或 START TRANSACTION：开始事务。

（2）COMMIT：提交事务。

（3）ROLLBACK：回滚事务。

BEGIN 用来标识事务的开始，每个事务继续执行直到用 COMMIT 提交，从而正确地完成对数据库所做的永久性修改，或者由 ROLLBACK 语句撤销所有修改。

如果在事务执行过程中出现任何错误，MySQL 将回滚事务。

某些错误（如死锁）会自动回滚事务。

如果在事务活动时由于某种原因（如客户端应用程序终止；客户端计算机关闭或重新启动；客户端网络连接中断等）中断了客户端和 MySQL 实例之间的通信，则 MySQL 实例将在收到网络或操作系统发出的中断通知时自动回滚事务。在出现任何这种错误的情况下，将回滚任何未完成的事务，以保护数据库的完整性。

任务 13.1 提交事务

【问题 13.1】将 stucou 表的存储引擎设置为 InnoDB。

（1）如图 13-1 所示，在“导航栏”窗口中展开 xk 数据库，右击“stucou”，选择“属性”。

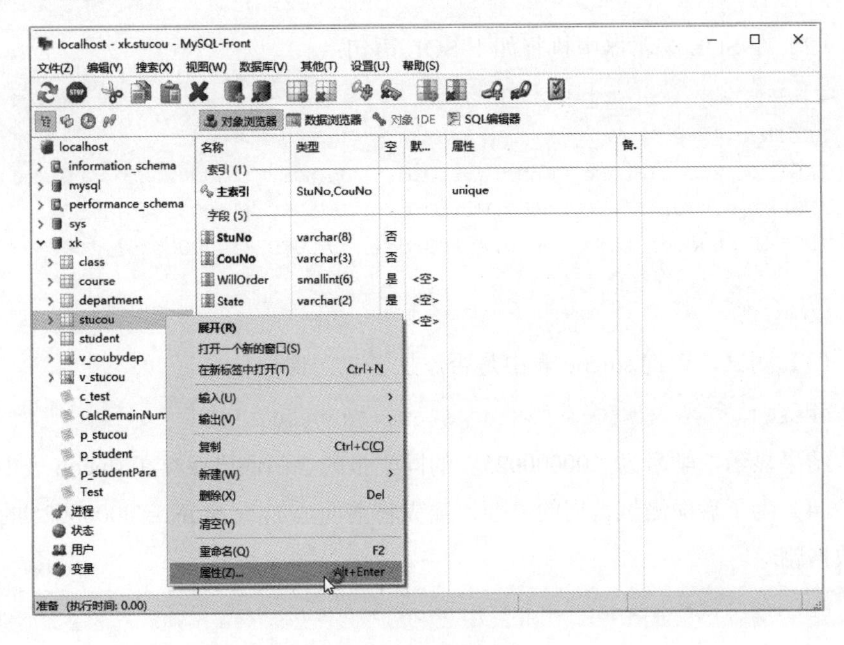

图 13-1 选择表属性

（2）如图 13-2 所示，在“类型”中选择“InnoDB”，单击“确定”按钮。

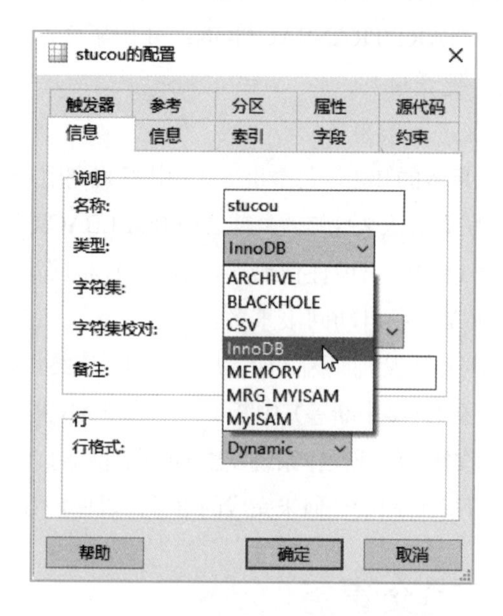

图 13-2 设置存储引擎为 InnoDB

【问题 13.2】定义一个事务，向 stucou 表添加 3 行数据（即某名学生报 3 门课程），并提交完成。

（1）为保证数据有效性，删除 stucou 表中 StuNo='00000025'的数据。

```
DELETE FROM stucou WHERE StuNo='00000025';
```

（2）在 SQL 编辑器中执行如下 SQL 语句：

```
-- 开始事务，一个学生报 3 门课
BEGIN;
INSERT stucou(StuNo,CouNo,WillOrder) VALUES ('00000025','001',1);
INSERT stucou(StuNo,CouNo,WillOrder) VALUES ('00000025','002',2);
INSERT stucou(StuNo,CouNo,WillOrder) VALUES ('00000025','003',3);
-- 提交事务，保存在 stucou 表中
COMMIT;
```

（3）测试，查询 stucou 表中是否添加了 3 门课。

```
SELECT * FROM stucou WHERE StuNo='00000025';
```

结果显示，学号为“00000025”的同学报的 3 门课已保存在 stucou 表中。

（4）为了后面测试数据的方便，需先将前面添加的 StuNo='00000025'的 3 行数据删除。

```
DELETE FROM stucou WHERE StuNo='00000025';
```

任务 13.2 回滚事务

【问题 13.3】定义一个事务，向 stucou 表添加 3 行数据，然后回滚事务撤销添加操作。

（1）在 SQL 编辑器中执行如下 SQL 语句：

```
   -- 开始事务，添加 3 行数据
   BEGIN;
   INSERT stucou(StuNo,CouNo,WillOrder) VALUES ('00000025','001',
1);
   INSERT stucou(StuNo,CouNo,WillOrder) VALUES ('00000025','002',
2);
   INSERT stucou(StuNo,CouNo,WillOrder) VALUES ('00000025','003',
3);
   -- 撤销事务，撤消刚添加的 3 行数据
   ROLLBACK;
```

（2）测试，查看 stucou 表中是否存在学号为“00000025”数据行。

```
   SELECT * FROM stucou WHERE StuNo='00000025';
```

可以看出，stucou 表中不存在学号为“00000025”的数据行，确实没添加 3 行数据。

任务 13.3 事务综合运用

【问题 13.4】定义一个事务，向 stucou 表添加多行数据，若报名课程超过 3 门，则回滚事务，即报名无效，否则成功提交。

（1）首先，学生报 3 门选修课，在 SQL 编辑器中执行如下 SQL 语句：

```
   DROP PROCEDURE IF EXISTS Bm;
   CREATE PROCEDURE Bm()
   BEGIN
     DECLARE CountNum int;
     START TRANSACTION;
     -- 报 3 门课程
     INSERT stucou(StuNo,CouNo,WillOrder) VALUES ('00000025',
'001',1);
     INSERT stucou(StuNo,CouNo,WillOrder) VALUES ('00000025',
'002',2);
     INSERT stucou(StuNo,CouNo,WillOrder) VALUES ('00000025',
'003',3);

     SET CountNum= (SELECT COUNT(*) FROM stucou WHERE StuNo=
```

```
'00000025');
    IF CountNum>3 THEN
      ROLLBACK;
      SELECT '报名的课程门数超过所规定的 3 门，所以报名无效。';
    ELSE
      COMMIT;
      SELECT '恭喜，选修课程报名成功！';
    END IF;
  END;
```

事务被成功提交，学生报名 3 门课成功，并显示报名成功信息。

（2）测试。

```
  CALL Bm();
  SELECT * FROM stucou WHERE StuNo='00000025';
```

可以验证确实已经添加 3 行数据。

（3）下面我们报名 5 门课程，还是使用“00000025”。为了后面测试数据方便，请将前面添加的 StuNo='00000025'的数据行删除。

```
  DELETE FROM stucou WHERE StuNo='00000025';
```

（4）学生报 5 门选修课，在 SQL 编辑器中执行如下 SQL 语句：

```
  DROP PROCEDURE IF EXISTS Bm;
  CREATE PROCEDURE Bm()
  BEGIN
    DECLARE CountNum int;
    START TRANSACTION;
    -- 报了 5 门课程
    INSERT stucou(StuNo,CouNo,WillOrder) VALUES ('00000025',
'001',1);
    INSERT stucou(StuNo,CouNo,WillOrder) VALUES ('00000025',
'002',2);
    INSERT stucou(StuNo,CouNo,WillOrder) VALUES ('00000025',
'003',3);
    INSERT stucou(StuNo,CouNo,WillOrder) VALUES ('00000025',
'004',4);
    INSERT stucou(StuNo,CouNo,WillOrder) VALUES ('00000025',
'005',5);

    SET CountNum= (SELECT COUNT(*) FROM stucou WHERE StuNo=
'00000025');
    IF CountNum>3 THEN
      ROLLBACK;
      SELECT '报名的课程门数超过所规定的 3 门，所以报名无效。';
    ELSE
```

```
    COMMIT;
    SELECT '恭喜，选修课程报名成功！';
  END IF;
END;
```

（5）测试。

```
CALL Bm();
SELECT * FROM stucou WHERE StuNo='00000025';
```

这里，学生编号为“00000025”的学生报了5门课程，超过了3门，所以事务被回滚撤销，并显示“报名的课程门数超过所规定的3门，所以报名无效。”

可以验证确实没有添加5行数据。

单元小结

在本单元:

- 了解事务。
- 掌握在什么情况下需要使用事务。
- 掌握如何使用事务。

思考与练习

1．什么是事务？
2．事务的4个属性是什么？给出对每个属性的解释。
3．什么情况下需要使用事务？

实训

实训 参考答案

使用Sale数据库。

在一般情况下，只有当产品有足够的库存量时才允许销售该产品。创建一事务，实现当向ProOut（销售表）添加新数据行时，如果Stocks（库存数）大于Quantity（销售数量），则允许销售，否则拒绝销售。

单元 14

MySQL 安全管理

学习目标

【知识目标】

- 理解用户和权限的概念。
- 理解创建用户实际所操作的表。
- 理解权限所对应的表。

【技能目标】

- 会根据需要创建用户、修改用户密码、删除用户。
- 会根据需要授予或收回用户权限。
- 重置 root 用户密码。

任务陈述

小李提出了很多问题，例如，如何使“00 多媒体”班级的班主任老师可以查看自己班级学生选报选修课程的情况；如何使小赵、小王拥有学生选课数据库 xk 的所有权限；如何使小林同学可以在学生选课数据库中修改数据等。

任务 14.1 用户管理

数据库中存储大量的数据，保护数据不受侵害是数据库管理的重要组成部分。MySQL 系统提供了一整套保护数据安全的机制，包括用户管理、权限设置等。

用户连接 MySQL 数据库服务器时，需要提供用户名和登录密码，只有验证通过的用户才能连接数据库服务器，并在相应的权限内访问数据库。

PhpStudy 安装完成后，默认建立了数据库管理员 root 用户，该用户的默认密码为 root，数据库管理员可以根据其他用户需要为其创建用户并授予所需的权限。

创建用户

数据库管理员 root 具有最高权限，为了安全起见，通常需要为其他有需要的用户在 MySQL 上创建用户。

在 MySQL 数据库中，创建用户有三种方式：

（1）使用 CREATE USER 命令创建用户。

用 CREATE USER 命令创建用户，必须具有 CREATE USER 权限，默认 root 用户具有全部权限。CREATE USER 命令格式：

```
CREATE USER 'username'@'host' [IDENTIFIED BY [PASSWORD]
'password'];
```

微课
MySQL 安全管理

其中，username 表示将创建的用户名；host 表示该用户在哪个主机上可以登录，如果是本地用户可用 localhost；如果想让该用户可以从任意主机上登录 MySQL 数据库服务器，可以使用通配符“%”；IDENTIFIED BY 关键字用来设置用户的密码；password 表示该用户的登录密码，密码可以为空，如果为空，则该用户不需要密码就可以登录数据库服务器。

（2）使用 INSERT 命令在 mysql.user 表中新建记录创建用户。

（3）使用 GRANT 语句授权的同时创建用户。本操作安排在授权中进行讲解。

【问题 14.1】使用 CREATE USER 命令创建用户。

（1）创建一个用户名为 test1、密码为“123456”的用户，可以从任意主机上登录。在 SQL 编辑器中输入并执行如下 SQL 语句：

```
CREATE USER 'test1'@'%' IDENTIFIED BY '123456';
```

现在查看 MySQL 数据库的 user 表，在 SQL 编辑器中执行如下 SQL 语句，执行结果如图 14-1 所示，可以看到创建用户其实就是在 MySQL 数据库的 user 表中添加了一条记录，但权限暂时基本为“N”。

```
SELECT * FROM mysql.user;
```

Host	User	Select_...	Insert_...	Update_...	Delete_...	Create_...	Drop_...	Reload_...	Shutdown_...	Process_...	File_...	Grant_...	References_...	Index_...	Alter_...
localhost	root	Y	Y	Y	Y	Y	Y	Y	Y	Y	Y	Y	Y	Y	Y
localhost	mysql.session	N	N	N	N	N	N	N	N	N	N	N	N	N	N
localhost	mysql.sys	N	N	N	N	N	N	N	N	N	N	N	N	N	N
%	test1	N	N	N	N	N	N	N	N	N	N	N	N	N	N

图 14-1　创建用户在 user 表中的对应关系

（2）创建一个用户名为 test2、密码为“123456”的用户，该用户只能在本地登录。

在 SQL 编辑器中输入并执行如下 SQL 语句：

```
CREATE USER 'test2'@'localhost' IDENTIFIED BY '123456';
```

【问题 14.2】使用 CREATE USER 命令，创建一个用户名为 test3、密码为“123456”的用户，该用户只能在本地登录。要求不要使用密码明文。

（1）将密码“123456”进行加密。使用 PASSWORD 函数加密“123456”密码后的值，在 SQL 编辑器中输入并执行如下 SQL 语句可以获取到：

```
SELECT PASSWORD('123456') ;
```

加密后的结果是“*6BB4837EB74329105EE4568DDA7DC67ED2CA2AD9”。

（2）在 SQL 编辑器中执行如下 SQL 语句创建用户 test3：

```
CREATE USER 'test3'@'localhost' IDENTIFIED BY PASSWORD
'*6BB4837EB74329105EE4568DDA7DC67ED2CA2AD9';
```

【问题 14.3】使用 INSERT 命令创建一个用户名为 test4、密码为“123456”的用户，该用户只能在本地登录。

在 SQL 编辑器中输入并执行如下 SQL 语句：

```
INSERT  INTO  mysql.user(Host,User,authentication_string,ssl_
cipher,x509_issuer,x509_subject)VALUES('localhost','test4',PASSWORD
('123456'),'','','');
```

为了保证使用 INSERT 命令创建的用户即时生效，输入并执行：

```
FLUSH PRIVILEGES;
```

修改用户密码

从数据库安全性考虑，用户可能需要修改自己的密码，或管理员要求用户定期修改密码，修改用户密码有以下方式。

（1）使用 mysqladmin 命令修改用户密码。

mysqladmin 是 MySQL 官方提供的程序，需要在命令行窗口执行。

（2）使用 SQL 的 UPDATE 语句修改 user 表的用户密码。

用户的密码保存在 MySQL 数据库 user 表中的 authentication_string 字段，使用 UPDATE 命令直接修改 authentication_string 字段的值，也可以达到修改密码的目的。

（3）使用 SQL 的 SET PASSWORD 语句来修改用户密码。

（4）使用 SQL 的 GRANT 语句来修改用户密码，本操作安排在授权中进行讲解。

【问题 14.4】使用 mysqladmin 命令把 root 用户的原密码“root”修改为新密码“123456”。

mysqladmin 程序位于 MySQL 安装目录的“bin”目录下。本书的路径为：“C:\phpstudy_pro\Extensions\MySQL5.7.26\bin”。

在命令行提示符下，进入“C:\phpstudy_pro\Extensions\MySQL5.7.26\bin”（回车），输入 root 用户的密码后，执行结果如图 14-2 所示，没有错误提示即表示密码修改成功。输入的命令如下：

```
mysqladmin -u root -p password 123456
```

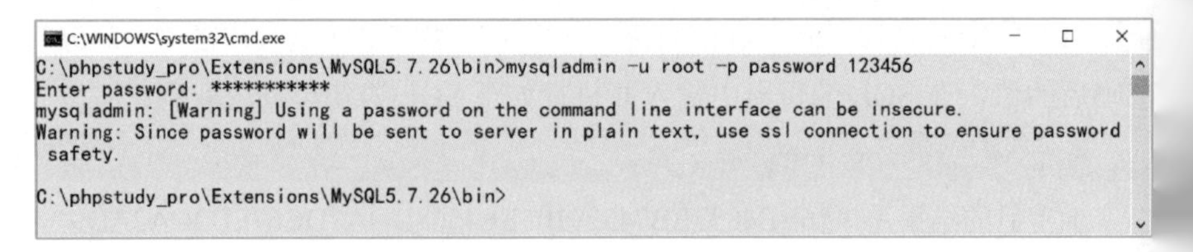

图 14-2 使用 mysqladmin 命令修改密码

【问题 14.5】root 用户使用 SET PASSWORD 命令修改自己的密码，将原密码“123456”修改为新密码“root”。

（1）使用 MySQL-Front 连接数据库服务器，注意此时用户 root 的密码为“123456”。

（2）在 SQL 编辑器中输入并执行如下 SQL 语句：

```
SET PASSWORD = PASSWORD("root");
FLUSH PRIVILEGES;
```

下次使用 SQL-Front 连接数据库服务器时注意用户 root 的密码已设置为“root”。

【问题 14.6】root 用户使用 SET PASSWORD 命令修改其他用户的密码。将用户 test2 的密码修改为“aaaaaa”。

在 SQL 编辑器中输入并执行如下 SQL 语句：

```
SET PASSWORD FOR 'test2'@'localhost'=PASSWORD("aaaaaa");
FLUSH PRIVILEGES;
```

【问题 14.7】使用 SQL 的 UPDATE 语句修改用户密码。将用户 test3 的密码修改为“aaaaaa”。

在 SQL 编辑器中输入并执行如下 SQL 语句：

```
UPDATE mysql.user SET authentication_string = PASSWORD('123456')
WHERE USER = 'test3' AND Host='localhost';
FLUSH PRIVILEGES;
```

【问题 14.8】root 用户密码丢失时重置密码。

（1）在 PhpStudy 中停止 MySQL 数据库服务器。

（2）在命令提示符下，进入“C:\phpstudy_pro\Extensions\MySQL5.7.26\bin”，执行如下命令，表示跳过权限检查启动 MySQL 服务：

```
mysqld --skip-grant-tables
```

（3）新建一个命令窗口，进入“C:\phpstudy_pro\Extensions\MySQL5.7.26\bin”，执行如下命令：

```
mysql -u root
```

（4）在 mysql 提示符下，执行如下命令，将 root 的密码重置为 root（也可以是你自己设置的任何其他密码）：

```
UPDATE mysql.user SET authentication_string = PASSWORD('root')
WHERE USER = 'root' AND Host='localhost';
```

（5）在 mysql 提示符下，执行如下命令重新加载权限表以使新密码生效：

```
FLUSH PRIVILEGES;
```

（6）关闭执行 mysqld --skip-grant-tables 命令所在的窗口。

（7）在 PhpStudy 中重新启动 MySQL 数据库服务器。

（8）自行验证使用修改后的密码连接数据库服务器。

删除用户

当创建的用户不再需要时，可以使用 DROP USER 命令删除用户。注意：root 用户不能被删除。

DROP USER 的命令格式如下，其中 user 是需要删除的用户。

```
DROP USER user[,user]...;
```

【问题 14.9】使用 DROP 命令删除用户 test3。

在 SQL 编辑器中输入并执行如下 SQL 语句：

```
DROP USER 'test3'@'localhost';
```

【问题 14.10】使用 DELETE 命令删除用户 test4。

在 SQL 编辑器中输入并执行如下 SQL 语句：

```
DELETE FROM mysql.user WHERE USER='test4' AND Host='localhost';
FLUSH PRIVILEGES;
```

任务 14.2 权限管理

权限存储在 MySQL 数据库的 user、db、tables_priv、columns_priv 等系统表中，MySQL 权限按级别可分为以下几种。

（1）全局性的管理权限，作用于整个 MySQL 实例级别。

（2）数据库级别的权限，作用于某个指定的数据库上或者所有的数据库上。

（3）表对象级别的权限，作用于指定的表或视图等。

（4）列级别的权限，作用于指定的列。

授权

使用 GRANT 命令为用户授权，如果该用户不存在，则会创建该用户，如果用户已经存在且指定了密码，则会修改该用户的密码。所以，可以使用 GRANT 命令完成授权、创建用户、修改密码等工作。命令格式如下：

```
GRANT priv_type ON database.table
TO user[IDENTIFIED BY [PASSWORD] 'password']
[,user [IDENTIFIED BY [PASSWORD] 'password']...]
```

该命令可以同时创建多个用户，其中：

priv_type 参数表示操作权限。

databse.table 参数表示用户的权限范围，如果要授予该用户对所有数据库和表的相应操作权限，则可用“*”表示。

user 参数表示用户的名称，由用户名和主机构成。

IDENTIFIED BY 关键字用来设置密码。

下面再对 priv_type 参数做详细介绍，最常用的有 SELECT、INSERT、UPDATE，如果要授予全部权限，则可使用 ALL，详细操作权限如表 14-所示。

表 14-1　操作权限

参数名称	操作权限
SELECT	允许从表或视图中查看数据
INSERT	允许在表里插入数据，在执行 analyze table、optimize table、repair table 语句时也需要 INSERT 权限
UPDATE	允许修改表中的数据
USAGE	创建一个用户之后的默认权限，代表连接登录权限
CREATE	允许创建新的数据库和表
CREATE ROUTINE	允许创建存储过程、存储函数
CREATE TEMPORARY TABLE	允许创建临时表
CREATE USER	允许创建、修改、删除、重命名用户
CREATE VIEW	允许创建视图
ALTER	允许修改表结构的权限
ALTER ROUTINE	允许修改或者删除存储过程、函数
DELETE	允许删除数据行
DROP	允许删除数据库、表、视图，包括 truncate table 命令
EXECUTE	允许执行存储过程和函数
FILE	允许在 MySQL 可以访问的目录进行读写磁盘文件操作，可使用的命令包括 load data infile、select … into outfile、load file()函数
INDEX	允许创建和删除索引
LOCK TABLES	允许对拥有 SELECT 权限的表进行锁定
PROCESS	允许查看 MySQL 中的进程信息
RELOAD	允许执行 FLUSH 命令，指明重新加载权限表到系统内存中
REPLICATION CLIENT	允许执行 show master status、show slave status、show binary logs 命令
SHUTDOWN	允许关闭数据库实例

【问题 14.11】验证用户 test1 仅能连接 MySQL 数据库服务器，但不具备任何其他权限。

（1）在命令行提示符下，进入“C:\phpstudy_pro\Extensions\MySQL5.7.26\bin”，执行如下命令。表示使用 test1 连接到数据库服务器。

```
mysql -u test1 -p123456
```

（2）在 mysql 提示符下，执行如下命令切换到 xk 数据库，由于没有相应权限，所以给出了错误提示。执行结果如图 14-3 所示。

```
USE xk;
```

```
选择C:\WINDOWS\system32\cmd.exe - mysql -u test1 -p123456
C:\phpstudy_pro\Extensions\MySQL5.7.26\bin>mysql -u test1 -p123456
mysql: [Warning] Using a password on the command line interface can be insecure.
Welcome to the MySQL monitor.  Commands end with ; or \g.
Your MySQL connection id is 7
Server version: 5.7.26 MySQL Community Server (GPL)

Copyright (c) 2000, 2019, Oracle and/or its affiliates. All rights reserved.

Oracle is a registered trademark of Oracle Corporation and/or its
affiliates. Other names may be trademarks of their respective
owners.

Type 'help;' or '\h' for help. Type '\c' to clear the current input statement.

mysql> USE xk
ERROR 1044 (42000): Access denied for user 'test1'@'%' to database 'xk'
mysql>
```

图 14-3 验证用户 test1 仅能连接 MySQL 数据库服务器

【问题 14.12】使用 GRANT 语句创建一个用户名为 test5、密码为“123456”的用户，该用户只能在本地登录，对所有数据库具有 SELECT 权限。

（1）在 SQL 编辑器中输入并执行如下语句：

```
GRANT SELECT ON *.* TO 'test5'@'localhost' IDENTIFIED BY '123456';
```

（2）在 SQL 编辑器中输入并执行如下语句：

```
SELECT * FROM mysql.user;
```

可以看到 user 表多了一条用户记录，因为该用户对所有数据库具备 SELECT 权限，所以在 user 表中用户“test5”对应行的 SELECT 值为“ON”。

（3）在命令行提示符下，进入“C:\phpstudy_pro\Extensions\MySQL5.7.26\bin”，执行如下命令，表示使用 test5 连接到数据库服务器：

```
mysql -u test5 -p123456
```

（4）在 mysql 提示符下，执行如下命令查询 course 表的数据，由于具备相应权限，所以给出了正确的执行结果：

```
USE xk;
SELECT * FROM course;
```

【问题 14.13】授予用户 test5 对所有数据库具有 SELECT 和 INSERT 权限，同时密码修改为“aaaaaa”。

（1）在 SQL 编辑器中输入并执行如下语句：

```
GRANT SELECT,INSERT ON *.* TO 'test5'@'localhost' IDENTIFIED BY
'aaaaaa';
```

（2）在 SQL 编辑器中输入并执行如下语句：

```
SELECT * FROM mysql.user;
```

可以看到 user 表中用户“test5”对应行的 SELECT 和 INSERT 的值为“ON”

【问题 14.14】授予用户 test5 对所有数据库具有所有的权限，且该用户可将该权限授予其他用户。

在 SQL 编辑器中输入并执行如下语句。

```
GRANT ALL ON *.* TO 'test5'@'localhost' WITH GRANT OPTION;
```

【问题 14.15】创建一个用户名为 test6、密码为 123456 的用户，该用户只能在本地登录。对 xk 数据库具有 SELECT 权限。

（1）在 SQL 编辑器中输入并执行如下语句：

```
GRANT SELECT ON xk.* TO 'test6'@'localhost' IDENTIFIED BY '123456';
```

（2）查看 MySQL 的 user 表、db 表，在 SQL 编辑器中输入并执行如下语句：

```
SELECT * FROM mysql.user;
SELECT * FROM mysql.db;
```

可以看到 user 表中用户“test6”对应行的权限值基本均为“N”，表示其全局层级没有权限。但 mysql.db 表中用户“test6”对应行的 Db 值为“xk”，SELECT 值为“Y”，如图 14-4 所示，表示其在数据库层级对 xk 数据库具有 SELECT 权限。

Result 1 | Result 2

Host	Db	User	Select_...	Insert_...	Update_...	Delete_...	Create_...	Drop_...	Grant_...	References_...
localhost	performance_s	mysql.session	Y	N	N	N	N	N	N	N
localhost	sys	mysql.sys	N	N	N	N	N	N	N	N
localhost	xk	test6	Y	N	N	N	N	N	N	N

图 14-4　user 表中用户“test6”对应行的权限值

【问题 14.16】创建一个用户名为 test7、密码为“123456”的用户，该用户只能在本地登录。对 xk 数据库的 course 表具有 SELECT 权限。

（1）在 SQL 编辑器中输入并执行如下语句：

```
GRANT SELECT ON xk.course TO 'test7'@'localhost' IDENTIFIED BY
'123456';
```

（2）查看 MySQL 的 3 个表，在 SQL 编辑器中输入并执行如下语句：

```
SELECT * FROM mysql.user;
SELECT * FROM mysql.db;
SELECT * FROM mysql.tables_priv;
```

可以看到 user 表中用户“test7”对应行的权限值基本均为“N”，表示其全局层级没有权限。mysql.db 表中没有用户“test7”对应行的数据，表示其数据库层级也没有权限。mysql.tables_priv 表中 Db 值为“xk”，Table_name 值为“course”，Table_priv 值为“Select”，如图 14-5 所示，表示其在数据库层级对 xk 数据库的 course 表具有 SELECT 权限。

Result 1 | Result 2 | Result 3

Host	Db	User	Table_name	Grantor	Timestamp	Table_priv	Column_priv
ocalhost	mysql	mysql.session	user	boot@connecting	0000-00-00 00:00:00	Select	
ocalhost	sys	mysql.sys	sys_config	root@localhost	2019-05-06 13:42:05	Select	
ocalhost	xk	test7	course	root@localhost	0000-00-00 00:00:00	Select	

图 14-5　user 表中用户“test7”对应行的权限值

【问题 14.17】创建一个用户名为 test8、密码为“123456”的用户，该用户只能在本地登录。对 xk 数据库的 course 表的 CouNo 和 CouName 两列具有 SELECT 权限。

（1）在 SQL 编辑器中输入并执行如下语句：

```
GRANT SELECT(CouNo) ON xk.course TO 'test8'@'localhost'
IDENTIFIED BY '123456';
GRANT SELECT(CouName) ON xk.course TO 'test8'@'localhost'
```

（2）查看 MySQL 的 4 个表，在 SQL 编辑器中输入并执行如下语句：

```
SELECT * FROM mysql.user;
SELECT * FROM mysql.db;
SELECT * FROM mysql.tables_priv;
SELECT * FROM mysql.columns_priv;
```

可以看到 user 表中用户“test8”对应行的权限值基本均为“N”，表示其全局层级没有权限。mysql.db 表中没有用户“test8”对应行的数据，表示其数据库层级也没有权限。mysql.tables_priv 表中 Db 值为“xk”，Table_name 值为“course”，Table_priv 值为“Select”，注意 Column_priv 的值为“Select”，表示其在数据库层级对 xk 数据库的 course 表在指定的列具有 SELECT 权限。再观察 columns_priv 表，可以看到有两行数据，分别表示其对 xk 数据库的 course 表的 CouNo 和 CouName 两列具有 SELECT 权限，如图 14-6 所示。

Result 1 | Result 2 | Result 3 | Result 4

Host	Db	User	Table_name	Column_na...	Timestamp	Column_priv
localhost	xk	test8	course	CouNo	0000-00-00 00:00:00	Select
localhost	xk	test8	course	CouName	0000-00-00 00:00:00	Select

图 14-6 user 表中用户“test8”对应行的权限值

收回权限

REVOKE 语句命令格式如下：

```
REVOKE privilege ON databasename.tablename FROM 'username'@
'host';
```

【问题 14.18】使用 REVOKE 语句收回已授予用户 test5、test6、test7、test8 的权限。

（1）在 SQL 编辑器中输入并执行如下语句：

```
REVOKE ALL ON *.* FROM 'test5'@'localhost';
REVOKE SELECT ON xk.* FROM 'test6'@'localhost';
REVOKE SELECT ON xk.course FROM 'test7'@'localhost';
REVOKE SELECT(CouNo) ON xk.course FROM 'test8'@'localhost';
REVOKE SELECT(CouName) ON xk.course FROM 'test8'@'localhost';
```

（2）在 SQL 编辑器中输入并执行如下语句：

```
SELECT * FROM mysql.user;
SELECT * FROM mysql.db;
```

```
SELECT * FROM mysql.tables_priv;
SELECT * FROM mysql.columns_priv;
```

自行验证收回权限后的执行结果。

查看权限

【问题 14.19】使用 SHOW GRANTS 语句查询用户 test5 的权限信息。

（1）在 SQL 编辑器中输入并执行如下语句：

```
SHOW GRANTS FOR 'test5'@'localhost';
```

（2）执行结果显示如下：

```
GRANT USAGE ON *.* TO 'test5'@'localhost' WITH GRANT OPTION
```

表示该用户有 USAGE 权限，就是能够连接数据库服务器并能授权给其他用户，但没有任何其他权限。

单元小结

在本单元:

- 掌握使用 MySQL 语句创建、删除用户。
- 掌握如何修改用户密码。
- 掌握如何授予和收回用户相应的权限。

思考与练习

简述授予一个用户可以增加、删除、修改某个表的数据的具体步骤。

实训

实训 参考答案

本实训使用 sale 数据库。

1. 创建一个用户，名为 Jack，密码为 123456，该用户可在任何机器登录。
2. 授予用户 Jack 权限，使其对 Customer 表可以进行 SELECT 和 INSERT 操作。
3. 测试 Jack 的权限。写出测试过程并验证测试结果。

单元 15

MySQL 日志管理

【知识目标】

- 理解日志的作用
- 理解日志的各种分类及相应用途

【技能目标】

- 掌握如何启动、查看二进制日志
- 掌握如何启动、查看通用查询日志
- 掌握如何启动、查看慢查询日志
- 掌握如何启动、查看错误日志

任务陈述

小李作为选课数据库的所有者，非常关心该数据库的安全，需要掌握哪些用户对数据库做了什么操作，哪些操作影响了系统性能，哪些操作导致了系统错误，等等。

任务 15.1 MySQL 日志简介

日志是 MySQL 数据库的重要组成部分。日志文件中记录着 MySQL 数据库运行期间发生的各种记录，比如客户端连接状况、SQL 语句的执行情况、错误信息等。当数据库遭到意外的损坏时，可以通过日志查看文件出错的原因，并且可以通过日志文件进行数据恢复。

MySQL 日志分为如下几种类型，并有其相应的作用。

（1）二进制日志：该日志文件以二进制形式记录数据库的各种操作，如添加、修改、删除，但不记录查询语句。

（2）通用查询日志：该日志文件以文本形式记录 MySQL 数据库服务器的启动和关闭信息、客户端的连接信息、查询数据库记录的 SQL 语句。

（3）慢查询日志：该日志文件以文本形式记录执行时间超过指定时间的查询语句，通过工具分析慢查询日志可以定位 MySQL 数据库服务器性能瓶颈所在。

（4）错误日志：该日志文件以文本形式记录 MySQL 数据库服务器启动、关闭和运行时的出错信息。

使用日志有优点也有缺点，启动日志后，虽然可以实现对 MySQL 数据库服务器进行维护，但是会降低 MySQL 软件的执行速度。

默认情况下，MySQL 会启动错误日志文件，其他日志文件需手动启动。当然，对数据库来说安全第一，需要开启的日志还是要开启的。

任务 15.2 二进制日志

微课
二进制日志

MySQL 的二进制日志（Binary Log）是一个二进制文件，主要用于记录修改数据或有可能引起数据变更的 MySQL 语句。二进制日志中记录了对 MySQL 数据库执行更改的所有操作，并且记录了语句发生时间、执行时长、操作数据等信息。二进制日志不记录 SELECT、SHOW 等不修改数据的 SQL 语句。二进制日志主要用于数据库恢复、主从复制、审计操作。

开启 MySQL 二进制日志会有一些性能损耗，但是性能开销非常小，开启二进制日志带来的好处要远远超过带来的性能开销。

启动二进制日志

可通过查看系统变量 log_bin 观察是否开启二进制日志，如果其值为 OFF，表示没有开启；值为 ON，表示开启。

【问题 15.1】查看二进制日志是否开启。

在 SQL 编辑器中输入并执行如下语句：

```
SHOW variables LIKE 'log_bin';
```

这里现在是未开启状态，值为“OFF”，如图 15-1 所示。

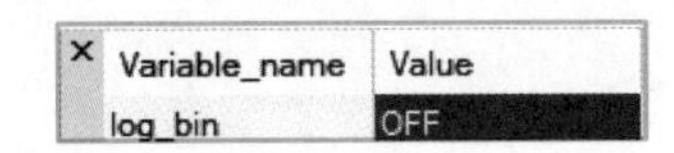

Variable_name	Value
log_bin	OFF

图 15-1 查看二进制日志是否开启

【问题 15.2】修改配置文件 my.ini 启动二进制日志。

如果需要开启二进制日志，可在 my.ini 的[mysqld]下面添加 log-bin 进行设置。

（1）打开 PhpStudy 主页面，在左侧选择“设置”，在右上方选择“配置文件”，然后选择“mysql.ini”，单击“MySQL5.7.26”，如图 15-2 所示。

图 15-2 打开 my.ini 配置文件

（2）在“[mysqld]”下查找有无“log-bin=binlog”，如果没有，则添加该项，如图 15-3 所示，保存文件。

图 15-3 设置“log-bin=binlog”

“log-bin=binlog”选项指定二进制日志文件的名称将以“binlog000001”“binlog000002”顺序展现。

日志文件默认路径在 MySQL 安装的 data 目录下，编者这里是“C:\phpstudy_pro\Extensions\MySQL5.7.26\data”，也可以自行指定日志文件的路径，如“log-bin=D:\log\binlog”，在指定路径时要注意：在目录的文件夹命名中不能有空格。

还可以设置二进制日志文件的过期时间，这样 MySQL 就会自动删除到期的日志文件，节省磁盘空间。比如在“[mysqld]”下添加如下语句即可：

```
expire_logs_days=5
```

（3）重启 MySQL。

（4）上述步骤也可以按如下方式操作，打开 PhpStudy 主页面，左侧选择“设置”，右上方选择“文件位置”，然后单击“MySQL”，如图 15-4 所示。

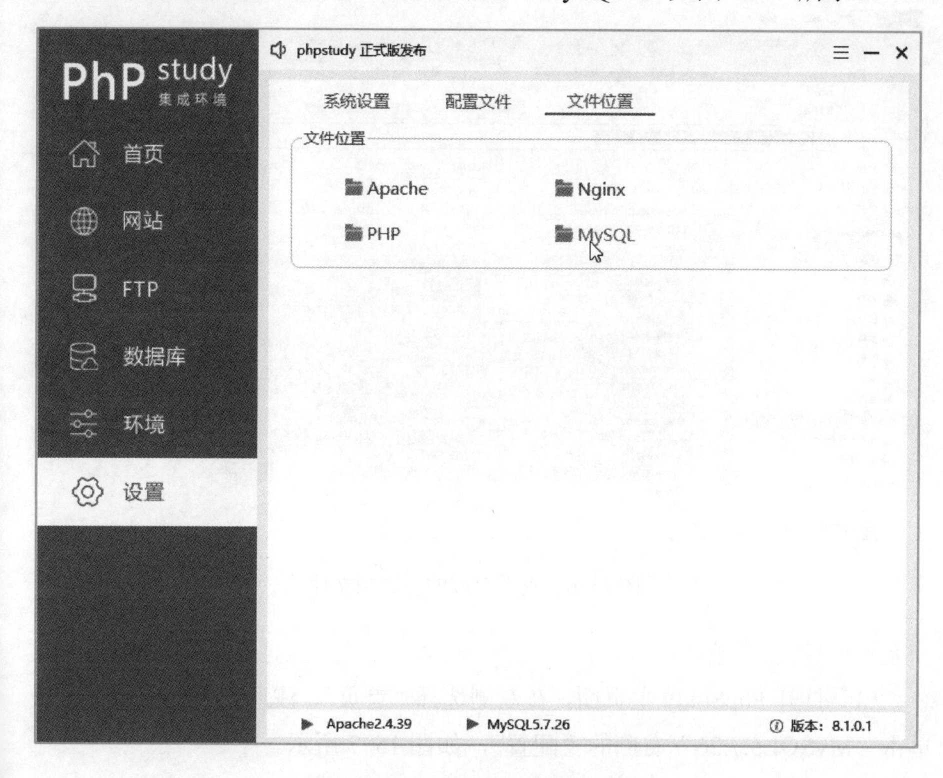

图 15-4　打开 my.ini 配置文件所在目录

（5）编者的文件在“C:\phpstudy_pro\Extensions\MySQL5.7.26”路径下，如图 15-5 所示，双击“my.ini”编辑即可。以后如何编辑“my.ini”文件将不再赘述。

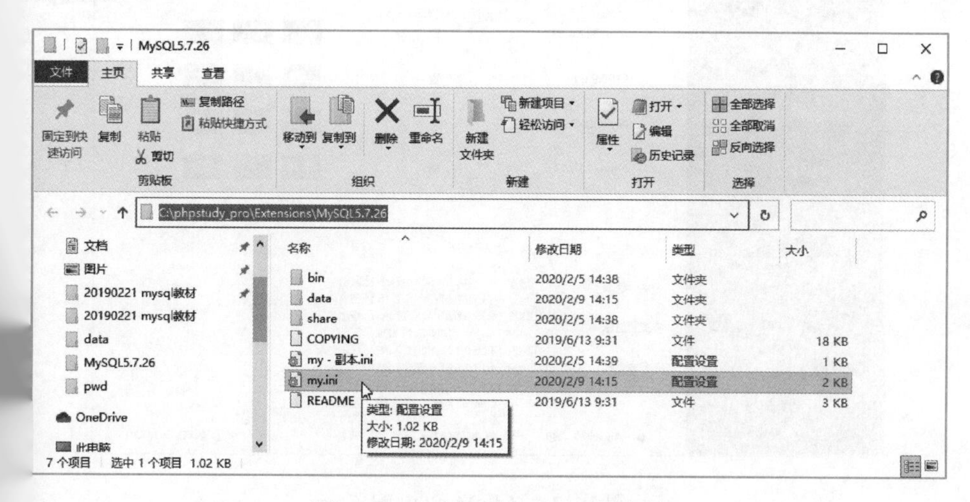

图 15-5　双击打开 my.ini 配置文件

（6）现在查看对应的二进制文件，进入 data 目录，如图 15-6 所示。

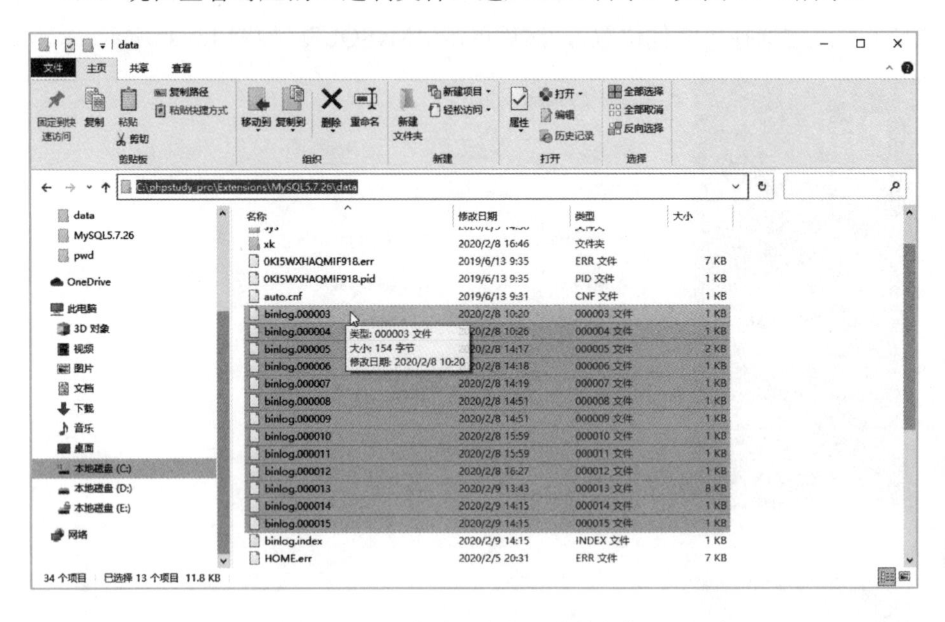

图 15-6 查看对应的二进制文件

【问题 15.3】通过 PhpStudy 启动二进制日志。

（1）打开 PhpStudy 主页面，在左侧选择“首页”，注意图中鼠标所在位置，单击“MySQL5.7.26”右侧的“配置”，如图 15-7 所示。

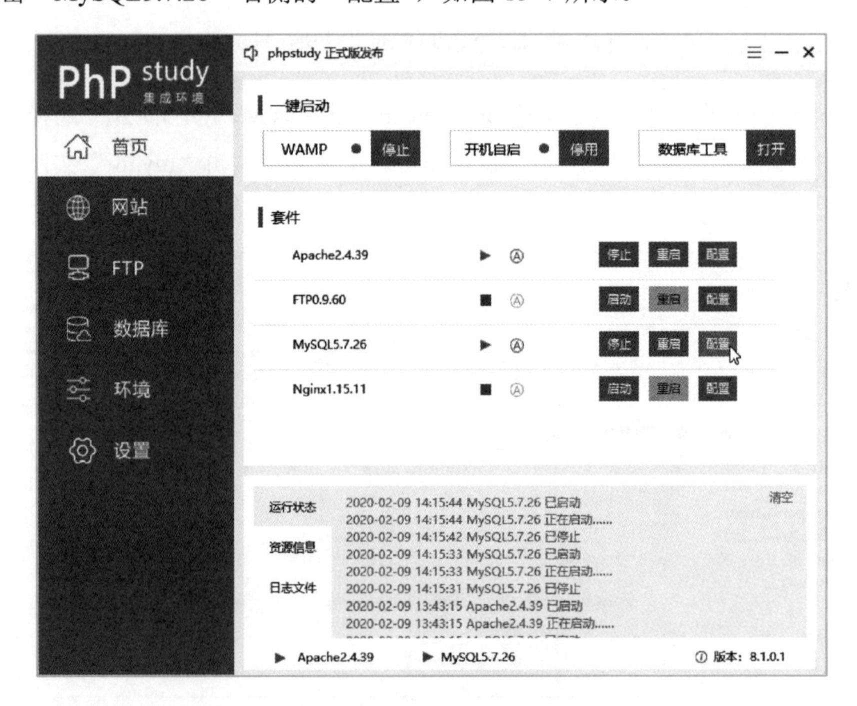

图 15-7 打开 MySQL 配置

（2）在“BIN 日志”选项中设置“ON”或“OFF”，这里选择“ON”，如图 15-8 所示。单击“确定”按钮，PhpStudy 将自动重启 MySQL 以使该选项生效。

图 15-8　在“BIN 日志”选项中设置“ON”

【问题 15.4】暂停二进制日志。

（1）在 SQL 编辑器中输入并执行如下语句：

```
SET sql_log_bin=0;
```

将暂时停止记录二进制日志。

（2）在 SQL 编辑器中输入并执行如下语句：

```
SET sql_log_bin=1;
```

恢复记录二进制日志。

【问题 15.5】查看所有的二进制日志文件和当前正在使用的二进制日志文件。

（1）在 SQL 编辑器中输入并执行如下语句：

```
SHOW BINARY LOGS;
```

结果如图 15-9 所示，可以看到所有的二进制日志文件。

Log_name	File_size
binlog.000001	813
binlog.000002	154
binlog.000003	154
binlog.000004	198
binlog.000005	198
binlog.000006	198
binlog.000007	154
binlog.000008	154
binlog.000009	154
binlog.000010	154

图 15-9　查看所有的二进制日志文件

（2）在 SQL 编辑器中输入并执行如下语句：

```
SHOW MASTER STATUS;
```

执行结果如图 15-10 所示。可以看到，编者这里正在记录的二进制日志文件是“binlog.000035”。

File	Position	Binlog_Do_DB	Binlog_Ignore...	Executed_Gtid...
binlog.000035	154			

图 15-10　查看当前正在使用的二进制日志文件

【问题 15.6】使用 FLUSH LOGS 命令切换二进制日志文件。

（1）在 SQL 编辑器中输入并执行如下语句：

```
FLUSH LOGS;
```

（2）再次查看当前二进制日志文件状态。在 SQL 编辑器中输入并执行如下语句：

```
SHOW MASTER STATUS;
```

注意观察二进制日志文件编号，会发现编号加 1（编者这里为“binlog.000036”），当前使用该日志文件进行记录。

（3）读者可自行测试，每次重启 MySQL 数据库服务器也会生成一个新的二进制日志文件，会看到这些编号不断递增。

文件达到最大限度也会按顺序自动生成下一个文件，可根据需要定期对二进制日志文件进行清理。

删除二进制日志

【问题 15.7】使用 PURGE 命令删除二进制日志文件。

（1）在 SQL 编辑器中输入并执行如下语句：

```
PURGE MASTER LOGS TO "binlog.000006"
```

该命令将删除创建时间比“binlog.000006”早的二进制日志文件（不包括 binlog.000006）。

读者如果没有多个二进制日志文件，可多次重启 MySQL 创建多几个二进制日志文件进行练习。

（2）在 SQL 编辑器中输入并执行如下语句：

```
SHOW BINARY LOGS;
```

可以看到“binlog.000006”之前的二进制日志文件（不包含“binlog.000006”）均已删除。

【问题 15.8】删除所有二进制日志文件。

在 SQL 编辑器中输入并执行如下语句：

```
RESET MASTER;
```

该命令将删除所有二进制日志文件，然后新建一个二进制日志文件“binlog.000001”。注意观察“binlog.000001”的创建日期，可以看到是新创建的，并不是保留原来的“binlog.000001”。

查看二进制日志

二进制日志文件不能用记事本直接查看，可以使用 mysqlbinlog 命令，该命令在 MySQL 安装目录的“bin”目录下。编者这里，具体路径为：“C:\phpstudy_pro\Extensions\MySQL5.7.26\bin”。

【问题 15.9】查看二进制日志文件内容。

（1）在 SQL 编辑器中输入并执行如下语句：

```
USE xk;
INSERT department VALUES('05','测试系部');
DELETE FROM department WHERE DepartNo='05';
```

这是为了观察二进制日志文件而编写的测试语句。因为二进制日志文件将记录增、删、改的 SQL 语句。

（2）在资源管理器中进入命令所在目录，如图 15-11 所示。

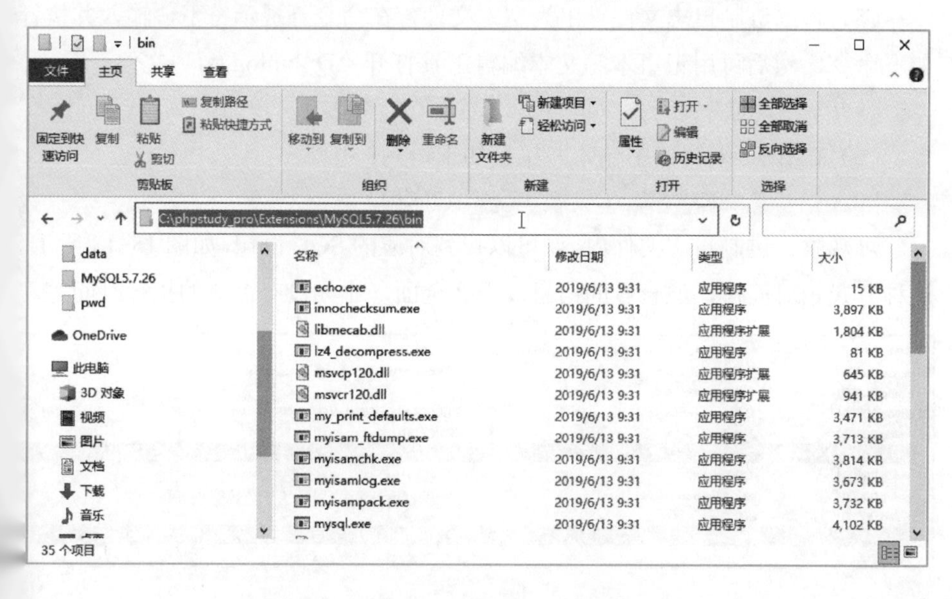

图 15-11　进入 mysqlbinlog 命令所在目录

（3）在资源管理器的地址栏输入“cmd”，按“回车”键，进入命令行提示符，输入并执行如下命令：

```
mysqlbinlog --no-defaults ../data/binlog.000001
```

（4）将显示该“binlog.000001”二进制日志文件，并可以找到对应的 SQL 语句，还有该语句的执行时间等信息，如图 15-12 所示。

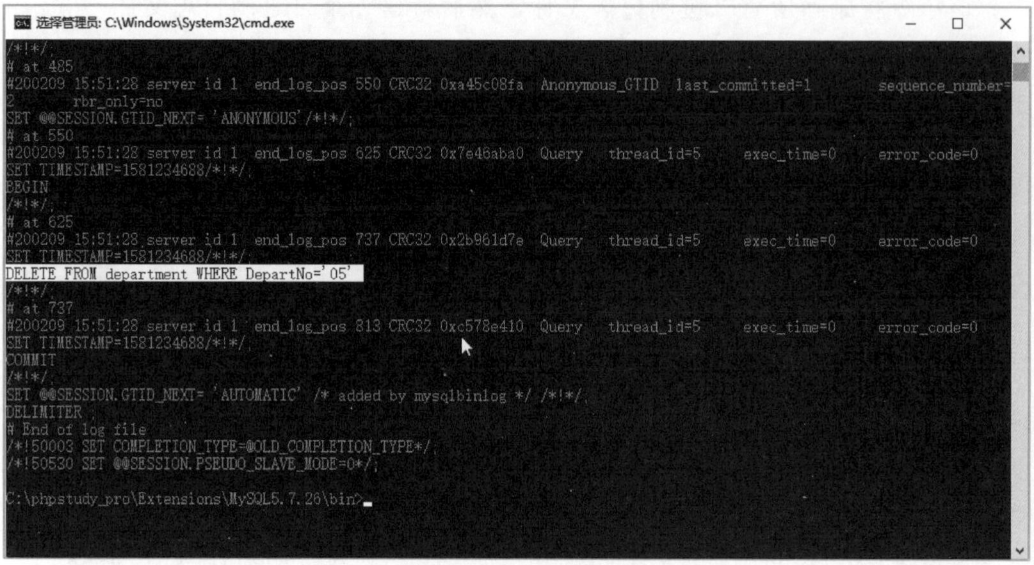

```
选择管理员: C:\Windows\System32\cmd.exe
/*!*/;
# at 485
#200209 15:51:28 server id 1  end_log_pos 550 CRC32 0xa45c08fa  Anonymous_GTID  last_committed=1        sequence_number=
2       rbr_only=no
SET @@SESSION.GTID_NEXT= 'ANONYMOUS'/*!*/;
# at 550
#200209 15:51:28 server id 1  end_log_pos 625 CRC32 0x7e46aba0  Query   thread_id=5     exec_time=0     error_code=0
SET TIMESTAMP=1581234688/*!*/;
BEGIN
/*!*/;
# at 625
#200209 15:51:28 server id 1  end_log_pos 737 CRC32 0x2b961d7e  Query   thread_id=5     exec_time=0     error_code=0
SET TIMESTAMP=1581234688/*!*/;
DELETE FROM department WHERE DepartNo='05'
/*!*/;
# at 737
#200209 15:51:28 server id 1  end_log_pos 813 CRC32 0xc578e410  Query   thread_id=5     exec_time=0     error_code=0
SET TIMESTAMP=1581234688/*!*/;
COMMIT
/*!*/;
SET @@SESSION.GTID_NEXT= 'AUTOMATIC' /* added by mysqlbinlog */ /*!*/;
DELIMITER ;
# End of log file
/*!50003 SET COMPLETION_TYPE=@OLD_COMPLETION_TYPE*/;
/*!50530 SET @@SESSION.PSEUDO_SLAVE_MODE=0*/;

C:\phpstudy_pro\Extensions\MySQL5.7.26\bin>
```

图 15-12 使用 mysqlbinlog 命令查看二进制日志文件内容

（5）将二进制日志文件导出为文本文件，在命令行提示符下，输入并执行如下命令，然后可用记事本等文本编辑工具打开“D:\binlog.txt”文件查看：

```
mysqlbinlog --no-defaults ../data/binlog.000001> d:\binlog.txt
```

（6）在 SQL 编辑器中输入并执行如下语句：

```
SHOW BINLOG EVENTS IN 'binlog.000001';
```

可观察二进制日志文件内容。可以找到对应的 SQL 语句，如图 15-13 所示。这种方式相对简捷，但查看的信息没那么全面，比如没有命令的执行时间等。

Log_name	Pos	Event_type	Server_id	End_log_pos	Info
binlog.000001	4	Format_desc	1	123	Server ver: 5.7.26-log, Binlog ver: 4
binlog.000001	123	Previous_gtids	1	154	
binlog.000001	154	Anonymous_Gtid	1	219	SET @@SESSION.GTID_NEXT= 'ANONYMOUS'
binlog.000001	219	Query	1	294	BEGIN
binlog.000001	294	Query	1	409	use `xk`; INSERT department VALUES('05','测试系部')
binlog.000001	409	Query	1	485	COMMIT
binlog.000001	485	Anonymous_Gtid	1	550	SET @@SESSION.GTID_NEXT= 'ANONYMOUS'
binlog.000001	550	Query	1	625	BEGIN
binlog.000001	625	Query	1	737	use `xk`; DELETE FROM department WHERE DepartNo='05'
binlog.000001	737	Query	1	813	COMMIT

图 15-13 查看二进制日志文件内容

使用 mysqlbinlog 命令查看 binlog 有时会报错 unknown variable 'default-character-set=UTF8'。

关于 no-defaults 参数的说明：由于 mysqlbinlog 命令无法识别 binlog 配置

中的 default-character-set=UTF8 指令，加上该参数可忽略该配置项，否则运行会报错。

另一种解决办法，在 MySQL 的配置文件中将 default-character-set=UTF8 修改为 character-set-server = UTF8，这需要重启 MySQL 数据库服务器。

任务 15.3 通用查询日志

通用查询日志记录客户端操作的所有 SQL 语句，包括 SELECT 查询语句在内。由于通用查询日志记录了数据库的所有操作，因此对于访问频繁的应用，该日志会对系统性能造成一定影响，通常建议关闭此日志。

启动通用查询日志

【问题 15.10】修改配置文件 my.ini 启动通用查询日志。

修改 my.ini 文件，在 my.ini 的[mysqld]下面添加“general_log”，然后重新启动 MySQL 数据库服务器即可。

这里没有指定任何参数，通用查询日志默认将存放在 MySQL 安装的 data 目录中，默认文件名为“主机名.log”。

也可以自行指定日志文件的路径和文件名，如“general_log=D:\log\mylog”。

查看通用查询日志

【问题 15.11】用记事本打开对应文件查看通用查询日志。

（1）在 SQL 编辑器中输入并执行如下语句，这里是为了记录查询语句而随意编写的一条命令：

```
SELECT * FROM student
```

（2）通用查询日志是纯文本格式，可以直接打开查看，打开“C:\phpstudy_pro\Extensions\MySQL5.7.26\data”目录下的“HOME.log”（编者这里的主机名为 HOME，读者需要根据自己机器的主机名称找到相应的文件）。可以看到刚刚执行的 SQL 语句，如图 15-14 所示。

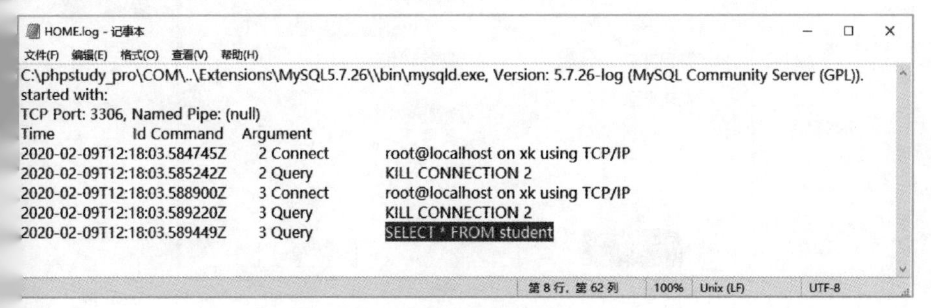

图 15-14 通用查询日志文件内容

【注意】即便是执行不成功的操作也会被记录在该文件中。

删除通用查询日志

可以直接删除通用查询日志文件，需要注意的是，删除后 MySQL 不会自动重建通用查询日志文件，可以在查询窗口执行 FLUSH LOGS 重建通用查询日志文件。

重启 MySQL 也会重建通用查询日志文件。

任务 15.4 慢查询日志

慢查询日志里记录了执行时间超过 long_query_time 参数值的 SQL 语句。慢查询日志可以有效地帮助我们发现实际应用中 SQL 的性能问题，找出执行效率低下的 SQL 语句。

启动慢查询日志

【问题 15.12】通过 PhpStudy 启动慢查询日志。

（1）打开 PhpStudy 主页面，在左侧选择“首页”，单击“MySQL5.7.26”右侧的“配置”。

（2）在顶部选择“性能配置”选项卡，在“开慢查询”选项中设置“ON”或“OFF”，选择“ON”，如图 15-15 所示，单击“确定”按钮，PhpStudy 将自动重启 MySQL 使该选项生效。

图 15-15 “开慢查询”选项设置为“ON”

（3）在配置文件“my.ini”的[mysqld]下面添加如下代码，表示查询时间超过 1 秒的被认为是慢查询：

```
long_query_time =1
```

查看慢查询日志

慢查询日志文件默认存放在 MySQL 安装的 data 目录中，默认文件名为“主机名-slow.log”。

慢查询日志文件是纯文本格式，可以直接打开查看。

【问题 15.13】用记事本打开对应文件查看慢查询日志。

打开“C:\phpstudy_pro\Extensions\MySQL5.7.26\data”目录下的“HOME-slow.log”（编者这里的主机名为 HOME，读者需要根据自己机器的主机名称找到相应的文件）。

删除慢查询日志

和通用查询日志文件一样，可以直接删除慢查询日志文件，删除后 MySQL 也不会自动重建慢查询日志文件，可以在查询窗口执行 FLUSH LOGS 重建慢查询日志文件。

重启 MySQL 也会重建慢查询日志文件。

任务 15.5 错误日志

错误日志通常记录了 MySQL 数据库的启动、关闭信息，以及服务器运行过程中所发生的任何严重的错误信息。通常，当数据库出现问题不能正常启动时，应当首先想到的就是查看错误日志。

启动错误日志

【问题 15.14】通过 PhpStudy 启动错误日志。

（1）打开 PhpStudy 主页面，在左侧选择“首页”，单击“MySQL5.7.26”右侧的“配置”。

（2）在“错误日志”选项中设置“ON”或“OFF”。我们选择“ON”，如图 15-16 所示。单击“确定”按钮。PhpStudy 将自动重启 MySQL 使该选项生效。

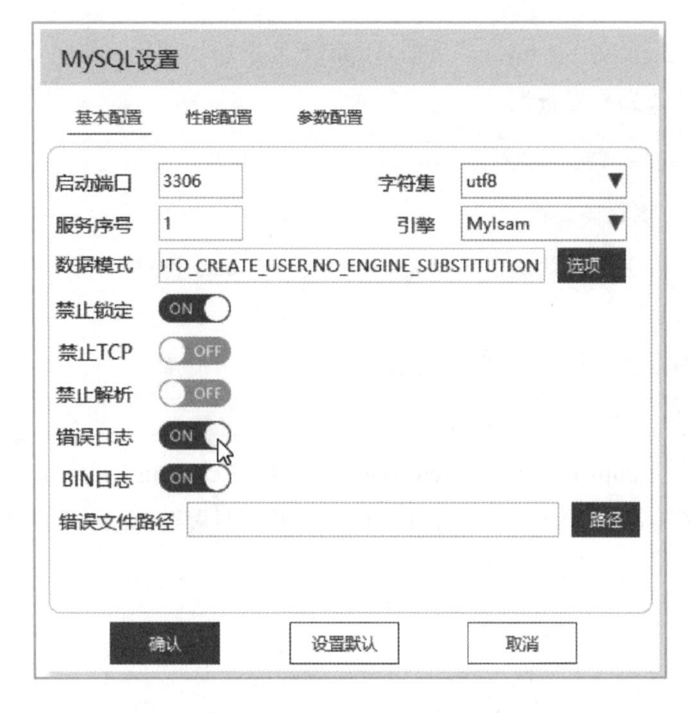

图 15-16 “错误日志”选项设置为“ON”

查看错误日志

错误日志文件默认存放在 MySQL 安装的 data 目录中，默认文件名为“主机名.err”。

错误日志文件是纯文本格式，可以直接打开查看。

【问题 15.15】用记事本打开对应文件查看慢查询日志。

打开“C:\phpstudy_pro\Extensions\MySQL5.7.26\data”目录下的“HOME.err（编者这里的主机名为 HOME，读者需要根据自己机器的主机名称找到相应的文件）。

删除错误日志

和通用查询日志文件一样，可以直接删除错误日志文件，删除后 MySQ也不会自动重建错误日志文件，可以在查询窗口执行 FLUSH LOGS 重建错误志文件。

重启 MySQL 也会重建错误日志文件。

在本单元:

- 掌握使用 PhpStudy 和配置方式启动各项日志。

- 掌握查看各种日志文件的方法。
- 理解日志文件中记录数据的意义。

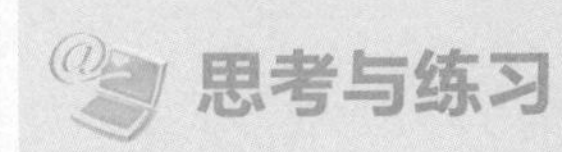

思考与练习

简述各种日志文件的作用。

实训

实训 参考答案

1. 自行启动、查看、关闭二进制日志。
2. 自行启动、查看、关闭通用查询日志。
3. 自行启动、查看、关闭慢日志。
4. 自行启动、查看、关闭错误日志。

单元 16

MySQL 数据库维护

学习目标

【知识目标】

- 理解数据库备份和恢复的意义。
- 理解数据库日常检查的意义。

【技能目标】

- 会根据需要备份或还原数据库。
- 会根据需要检查表。
- 了解常用的性能优化策略。

小李作为选课数据库 xk 的所有者，非常关心该数据库的安全，需要经常备份数据库，并在需要的时候进行还原；他不但需要将 xk 数据库存放在单位的计算机中，而且还要带回家里以便能继续工作；他还会根据需要经常检查、分析、优化、修复表和数据库性能。

任务 16.1 数据库备份与恢复

MySQL 数据库服务器实例运行期间，可能会遇到意外的停电、硬盘损坏、误操作、宕机等情况。面对这些问题都要确保数据库能够最大限度地恢复到“正确”的状态。

对于数据库管理人员来说，防止数据丢失最简单有效的方法就是：对原始数据定期进行备份，然后使用备份的数据恢复数据。

下面介绍几种常用的数据备份与恢复的方法。

mysqldump 是 MySQL 用于备份数据库的实用程序。它主要产生一个 SQL 脚本，其中包含从头重新创建数据库所必需的命令。

mysqldump 命令在 MySQL 安装目录的“bin”目录下。编者这里，具体路径为：“C:\phpstudy_pro\Extensions\MySQL5.7.26\bin”。以后执行该命令均指在该路径下执行。

【问题 16.1】使用 **mysqldump** 命令备份所有数据库。

（1）在命令行窗口执行如下命令，提示输入密码时请输入正确的密码。

```
mysqldump -u root -p --all-databases > C:\alldb.sql
```

（2）用记事本打开 C:\alldb.sql，自行查看结果。

【问题 16.2】使用 **mysqldump** 命令备份 xk 数据库。

（1）在命令行窗口执行如下命令，提示输入密码时请输入正确的密码。

```
mysqldump -u root -p xk > C:\xk.sql
```

微课
MySQL 数据库维护

（2）在命令行窗口执行如下命令，提示输入密码时请输入正确的密码。

```
mysqldump -u root -p --databases xk > C:\xkwithdb.sql
```

（3）比较文件 C:\xk.sql 和 C:\xkwithdb.sql，后一个文件中包含创建数据库的语句。语句如下：

```
CREATE DATABASE /*!32312 IF NOT EXISTS*/ 'xk' /*!40100 DEFAULT
CHARACTER SET UTF8 */;
USE 'xk'
```

【问题 16.3】使用 mysqldump 命令备份 xk 数据库下的 course 表。

（1）在命令行窗口执行如下命令，提示输入密码时请输入正确的密码。

```
mysqldump -u root -p xk course > C:\course.sql
```

（2）用记事本打开 C:\course.sql，自行查看结果。

【问题 16.4】使用 mysqldump 命令从 C:\xk.sql 文件中导入数据到 xkbak 数据库。

（1）因为 C:\xk.sql 中没有包含创建数据库的语句，所以必须保证 xkbak 数据库已经创建，在 SQL 编辑器中输入并执行如下语句。

```
CREATE DATABASE xkbak;
```

（2）在命令行窗口执行如下命令，提示输入密码时请输入正确的密码。

```
mysqldump -u root -p xkbak< C:\xk.sql
```

（3）自行在 MySQL-Front 中观察 xkbak 数据库。

【问题 16.5】使用 mysqldump 命令从 C:\xkwithdb.sql 文件中导入数据。

因为 C:\xkwithdb.sql 中已包含创建数据库 xk 的语句，如果 xk 数据库已经存在，则该命令将清除原有的 xk 数据库。

（1）为了对比观察导入后的结果，在 SQL 编辑窗口随意删除一些数据，执行如下命令：

```
DROP TABLE stucou
```

（2）在命令窗口执行如下命令恢复 xk 数据库，提示输入密码时输入正确的密码。

```
mysqldump -u root -p < C:\xkwithdb.sql
```

（3）自行在 MySQL-Front 中观察 xk 数据库。先刷新一下，可以看到删除的表“stucou”已经恢复到备份时的状态。

复制文件方式备份与恢复

【问题 16.6】复制 xk 数据库文件进行备份与恢复。

为演练测试方便，本例将 xk 数据库对应的数据文件剪切到其他位置进行观测。

（1）停止 MySQL 服务。

（2）进入数据文件所在目录“C:\phpstudy_pro\Extensions\MySQL5.7.26\data”，剪切“xk”文件夹到“C:\”。这时“C:\xk”文件夹就是一份 xk 数据库的备份。

（3）启动 MySQL 服务。

（4）启动 MySQL-Front，观察 xk 数据库已经没有了。

（5）停止 MySQL 服务。

（6）将备份的数据库“C:\xk”文件夹复制到数据文件所在目录“C:\phpstudy_pro\Extensions\MySQL5.7.26\data”。

（7）启动 MySQL 服务。

（8）重新启动 MySQL-Front，观察，xk 数据库已经得到恢复。

本例演示的是将数据库文件复制回原来的位置，也可以复制到其他机器的 MySQL 数据库实例中，比如在家里和办公室之间复制测试用数据库。需要注意的是，不同版本的 MySQL 可能不兼容。

导出导入方式备份与恢复

MySQL 数据库中的数据还可以导出为文本、XML 等格式文件，然后再导入这些文件到数据库中进行恢复。

【问题 16.7】使用 SELECT...INTO OUTFILE 语句导出 student 表到文本文件。

（1）在 SQL 编辑器中输入并执行如下语句：

```
SELECT * FROM student INTO OUTFILE 'C:/student.txt';
```

（2）运行，结果如图 16-1 所示，显示错误。这是由于 MySQL 对于数据的导出目录都有所限制。

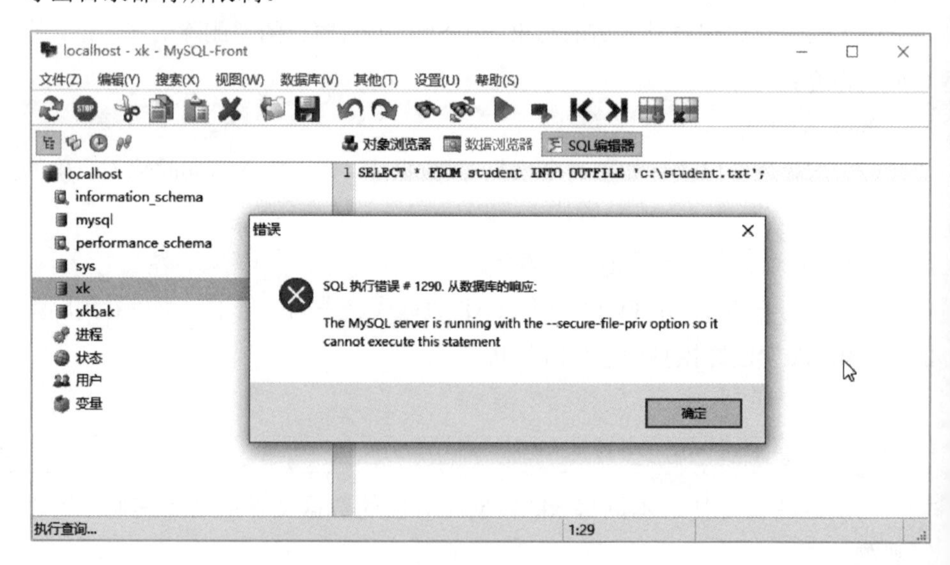

图 16-1 数据的导出目录没有权限

（3）在 SQL 编辑器中输入并执行如下语句：

```
SHOW variables LIKE '%secure%';
```

执行结果如图 16-2 所示，可以看到编者这里“secure_file_priv”的值为

“NULL”，表示限制 MySQL 不允许导入导出。

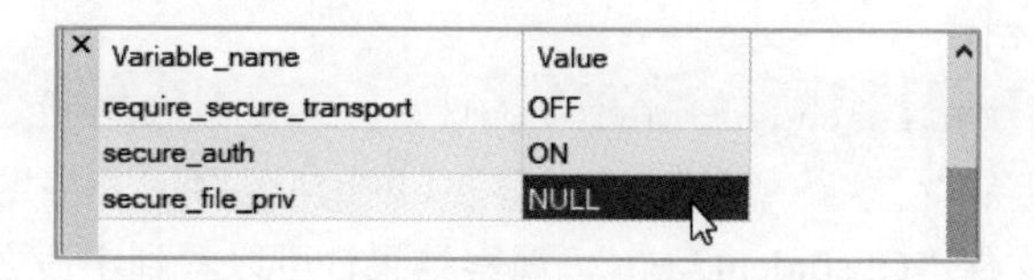

图 16-2 查看“secure_file_priv”的值

（4）修改 my.ini 配置文件，在 my.ini 的[mysqld]下面添加“secure-file-priv=C:/”，然后重启 MySQL 数据库服务器。

（5）在 SQL 编辑器中输入并执行如下语句：

```
SELECT * FROM student INTO OUTFILE 'C:/student.txt';
```

（6）打开文件“C:\student.txt”，结果如图 16-3 所示。

图 16-3 导出数据内容

（7）注意，输出不能是一个已存在的文件。比如在 SQL 编辑器中再次执行如下 SQL 语句：

```
SELECT * FROM student INTO OUTFILE 'C:/student.txt';
```

将会显示文件已经存在的错误提示，如图 16-4 所示。

图 16-4 文件已经存在错误提示

（8）也可以通过命令选项来设置数据输出的指定格式，在 SQL 编辑器中执行如下 SQL 语句：

```
SELECT * FROM student INTO OUTFILE 'C:/student2.txt' FIELDS
TERMINATED BY ',' ENCLOSED BY '"' LINES TERMINATED BY '\r\n';
```

（9）打开文件“C:\student2.txt”，观察结果，可以看到字段之间分隔符为逗号，每个字段用双引号包围，如图 16-5 所示。

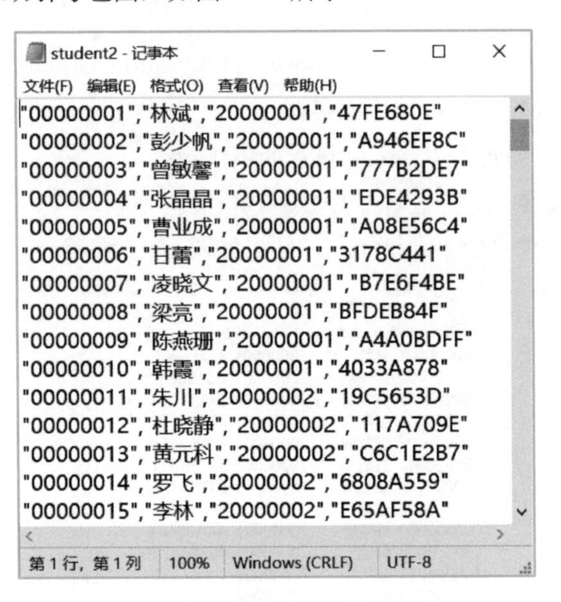

图 16-5 按指定格式导出数据内容

任务 16.2 MySQL 日常检查

使用 mysqlcheck 命令检查表

mysqlcheck 命令可以用来检查、分析、优化、修复表。mysqlcheck 命令可以在数据库运行的状态下运行，也就是不用停止服务即可进行操作。

mysqlcheck 命令格式如下：

```
mysqlcheck [OPTIONS] database [tables]
```

其中，OPTIONS 为常用连接参数，说明如下：

-u，连接 MySQL 的用户。

-p，连接 MySQL 用户的密码。

-a，分析表。

-c，检查表。

-o，优化表。

-r，修复表。

mysqlcheck 命令在 MySQL 安装目录的“bin”目录下。编者这里，具体路径为：“C:\phpstudy_pro\Extensions\MySQL5.7.26\bin”。以后执行该命令均指在该路径下执行。

【问题 16.8】使用“-c”参数检查 MySQL 服务器下所有数据库中的表。

在命令行窗口执行如下命令，提示输入密码时请输入正确密码。

```
mysqlcheck -u root -p -A -c
```

【问题 16.9】使用“-c”参数检查 xk 数据库中的表。

（1）检查数据库 xk 中的所有表。在命令行窗口执行如下命令，提示输入密码时请输入正确密码。

```
mysqlcheck -u root -p -c -B xk
```

（2）检查数据库 xk 中的 student 表。在命令行窗口执行如下命令，提示输入密码时请输入正确密码。

```
mysqlcheck -u root -p root -c xk student
```

【问题 16.10】使用“-a”参数分析所有数据库中的表。

在命令行窗口执行如下命令，提示输入密码时请输入正确的密码。

```
mysqlcheck -u root -p root -a -A
```

【问题 16.11】使用“-o”参数优化 xk 数据库中的 student 表。

在命令行窗口执行如下命令，提示输入密码时请输入正确的密码。

mysqlcheck -u root -p root -o xk student

【问题 16.12】使用“-r”参数修复 xk 数据库中的 student 表。

在命令行窗口执行如下命令，提示输入密码时请输入正确的密码。

```
mysqlcheck -u root -p root -r xk student
```

常用性能优化

MySQL 性能优化，一方面是指通过调整系统参数、合理安排资源使得 MySQL 的运行速度更快，更加节省资源；另一方面，也指优化通常使用的 SQL 语句，尤其是查询语句，来提高 MySQL 的性能。MySQL 性能优化的基本原则是：减少系统瓶颈；减少资源占用；提高系统反应速度。

这里列出一些最常用的性能优化策略，以提供更大负荷的服务。

（1）对查询进行优化，应尽量避免全表扫描，首先应考虑在 WHERE 及 ORDER BY 涉及的列上建立索引。

（2）应尽量避免在 WHERE 子句中对字段进行 NULL 值判断，创建表时

NULL 是默认值，但应尽可能使用 NOT NULL。

（3）应尽量避免在 WHERE 子句中使用!=或<>操作符。

（4）应尽量避免在 WHERE 子句中使用 OR 来连接条件，否则将导致引擎放弃使用索引而进行全表扫描，可以使用 UNION 合并查询来替换 OR 语句。

（5）IN 和 NOT IN 也要慎用，否则会导致全表扫描。

（6）应尽可能地避免更新 CLUSTERED 索引数据列，因为 CLUSTERED 索引数据列的顺序就是表记录的物理存储顺序，一旦该列值改变将导致整个表记录的顺序的调整，会耗费相当大的资源。

（7）尽量避免向客户端返回大数据量，若数据量过大，应该考虑相应需求是否合理。

（8）使用“临时表”暂存中间结果。将临时结果暂存在临时表，这可以避免多次扫描主表，也大大减少了程序执行中“共享锁”阻塞“更新锁”，从而提高了并发性能。

（9）一些 SQL 查询语句可加上 nolock，这样读的时候可以允许写，但缺点是可能读到未提交的脏数据。查询的结果如果是用于“增、删、改”的不要加 nolock；能采用临时表提高并发性能的，不要用 nolock。

（10）不要有超过 5 个的表连接，考虑使用临时表或表变量存放中间结果。

（11）视图嵌套不要过深，一般视图嵌套不要超过 2 个为宜。

（12）当有一批需要处理的插入或更新时，用批量插入或批量更新，不要一条条记录地去更新。

（13）提高 GROUP BY 语句的效率，可以通过将不需要的记录在 GROUP BY 之前过滤掉。

（14）使用慢查询日志去发现慢查询，使用执行计划去判断查询是否正常运行，多多去测试你的查询看看它们是否运行在最佳状态。久而久之性能总会变化。

（15）避免在整个表上使用 count(*)。

（16）在所有的存储过程和触发器的开始处设置 SET NOCOUNT ON，在结束时设置 SET NOCOUNT OFF。

（17）选择合适的存储引擎。

MyISAM：应用时以读和插入操作为主，只有少量的更新和删除，并且对事务的完整性、并发性要求不是很高。

InnoDB：对事务的完整性、并发性要求较高。除了插入和查询外，包括很多的更新和删除。

（18）对于某些文本字段，例如“省份”或者“性别”，可以将它们定义为

ENUM 类型。因为在 MySQL 中，ENUM 类型被当作数值型数据来处理，而数值型数据被处理起来的速度要比文本类型快得多。

单元小结

在本单元:

- 掌握数据库备份与恢复的几种常用方法。
- 掌握 mysqlcheck 命令。
- 掌握常用性能优化策略。

思考与练习

1. 简述本单元学习了哪些数据备份、恢复的方法，各种方法分别适用于哪些情形。
2. 谈谈联机备份数据的重要性。哪些方法可以实现联机备份数据？

实训

实训 参考答案

本实训使用 sale 数据库。

1. 先将 sale 数据库文件复制到一个文件夹，利用复制的 sale 数据库文件恢复该数据库。
2. 将 product 表导出至文本文件中。

附录 A

Visual Studio 应用开发实例

学习目标

【知识目标】

- 了解连接字符串的意义。
- 了解如何在 Windows 应用程序中访问 MySQL 数据库。
- 了解如何在 Web 应用程序中访问 MySQL 数据库。
- 对前端开发和后台数据库有一定的认识。

【技能目标】

- 能创建 Windows 应用程序和 Web 应用程序。
- 掌握数据控件 DataGridView 和 GridView 的基本使用方法。
- 会在 Windows 应用程序和 Web 应用程序中编写对 MySQL 数据库进行查询的代码。
- 会运行测试结果。

任务陈述

使用 Visual Studio，快速开发基于 MySQL 数据库的 C/S 和 B/S 应用程序。

任务 A.1 Windows 应用程序开发

开发环境：Visual Studio 2015 或以上版本、MySQL。要求已经创建好 xk 数据库。

【任务】开发一个 Windows 应用程序，在“姓名”文本框中任意输入学生姓名（如林斌），单击“查询”按钮，则显示该名学生报名的选修课程，如图 A-1 所示。

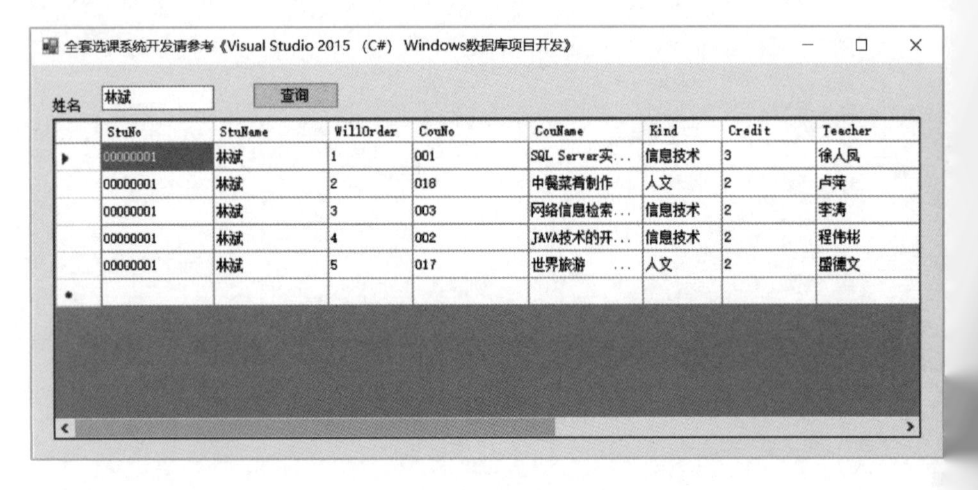

StuNo	StuName	WillOrder	CouNo	CouName	Kind	Credit	Teacher
00000001	林斌	1	001	SQL Server实...	信息技术	3	徐人凤
00000001	林斌	2	018	中餐菜肴制作	人文	2	卢萍
00000001	林斌	3	003	网络信息检索...	信息技术	2	李涛
00000001	林斌	4	002	JAVA技术的开...	信息技术	2	程伟彬
00000001	林斌	5	017	世界旅游 ...	人文	2	盛德文

图 A-1 执行结果

微课
应用开发实例

开发步骤如下。

（1）在 Visual Studio 2015 集成开发环境中，选择“文件”→“新建”→“项目”菜单命令，打开“新建项目”对话框，选择“Visual C#”下的“Windows 窗体应用程序”选项，解决方案名称为“xk”，如图 A-2 所示，单击“确定”按钮。

（2）在打开的窗口中，从“工具箱”面板的“公共控件”选项卡中将 Label 控件拖到窗体上，设置其 Text 属性为“姓名”。

（3）从“工具箱”面板的“公共控件”选项卡中将 TextBox 控件拖到窗体上，设置 Name 属性为 txtStuName。

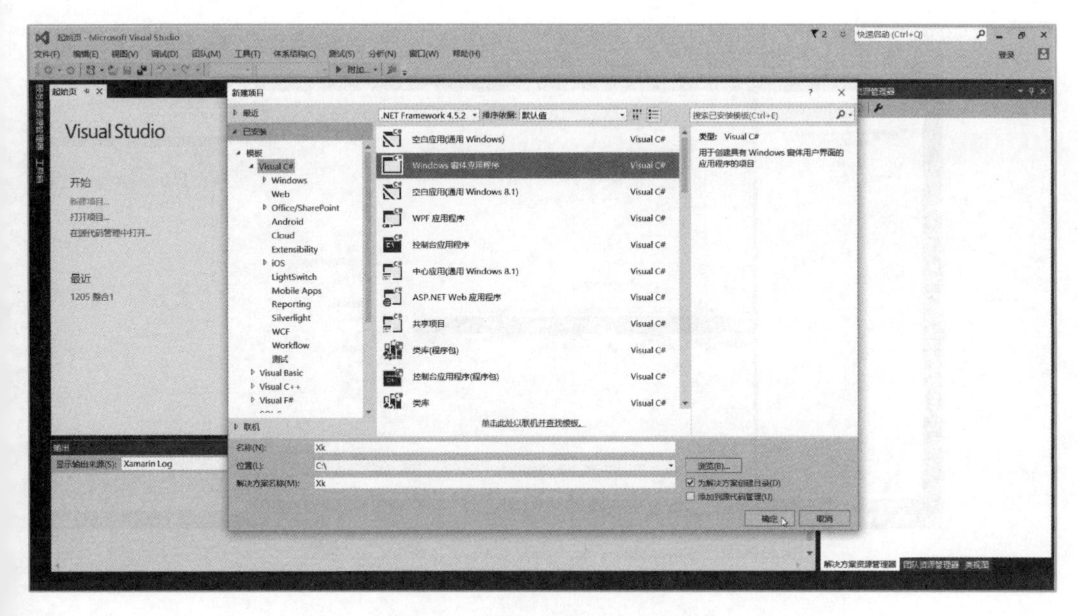

图 A-2 新建 Windows 应用程序

（4）从“工具箱”面板的“公共控件”选项卡中将 Button 控件拖到窗体上，设置 Name 属性为 btnLoad，Text 属性为“查询”。

（5）从“工具箱”面板的“数据”选项卡中将 DataGridView 控件拖到窗体上，设置 Name 属性为 dgvxk，设计界面如图 A-3 所示。

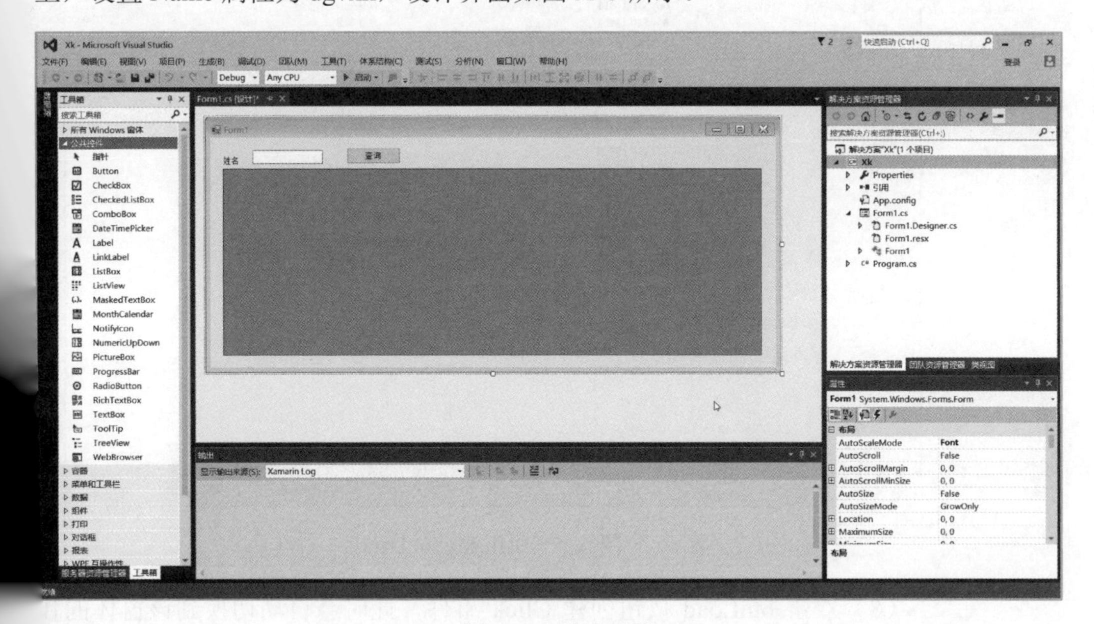

图 A-3 设计界面

（6）在“解决方案资源管理器”中右击“xk”项目，选择“添加”，单击“引用”，如图 A-4 所示。

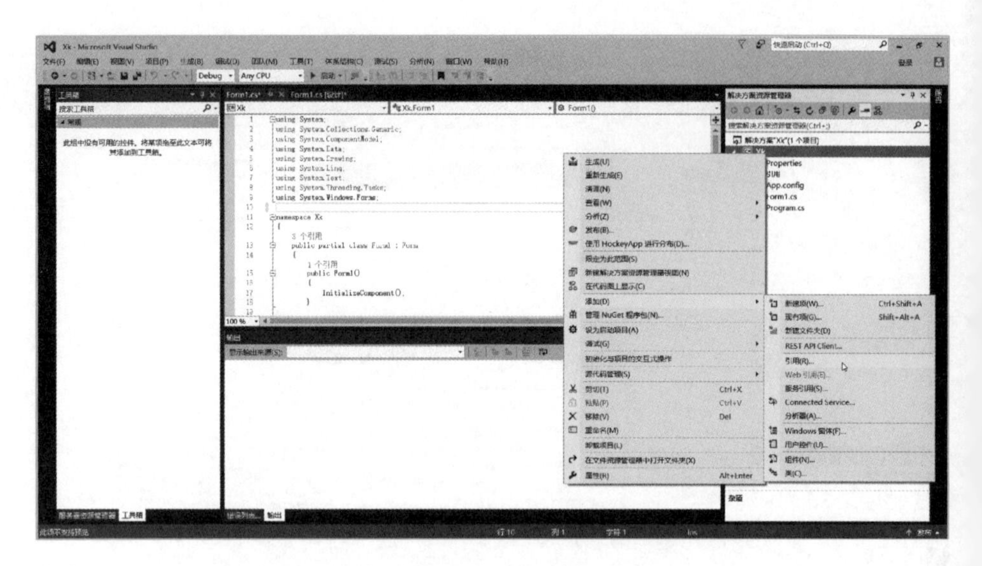

图 A-4 添加引用

（7）在右上方搜索框内输入“mysql”，选中“MySql.Data”，单击“确定”按钮，如图 A-5 所示。

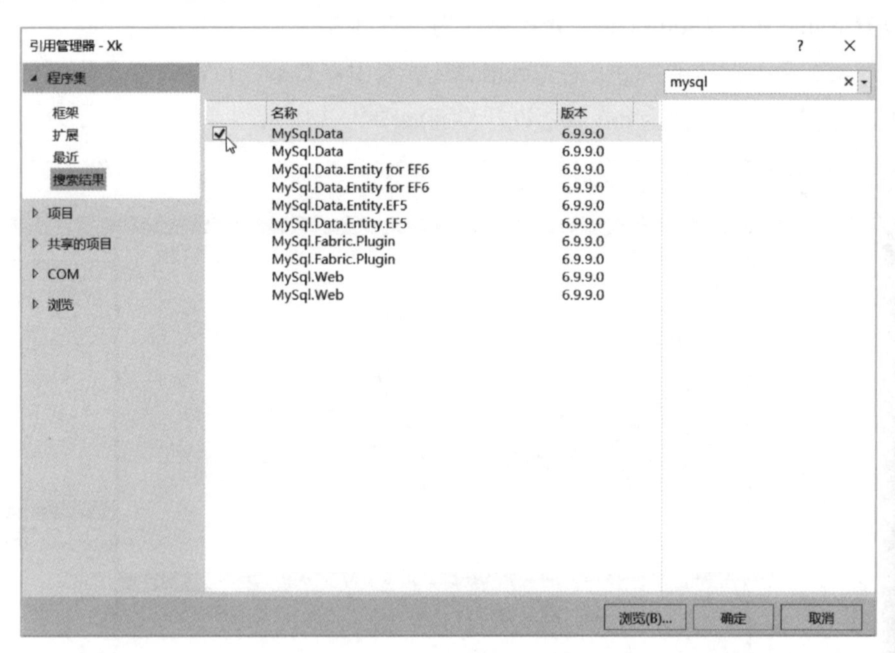

图 A-5 引用 MySql.Data

（8）双击 btnLoad 按钮创建 Click 事件，此时会自动切换到该窗体的代码视图。

（9）在编写 Click 事件代码前先在代码顶部的 using 语句后输入如下代码：

```
using MySql.Data.MySqlClient;
```

（10）将光标定位到 btnLoad 按钮的 Click 事件代码框架内，输入如下代码：

```
    MySqlConnection cn = new MySqlConnection(@"server=localhost;user
id=root;password=root;port=3306;database=xk");
    string sql;
    sql   =   "SELECT   S.StuNo,StuName,WillOrder,C.*  FROM  stucou
SC,student S,course C";
    sql += " WHERE SC.StuNo=S.StuNo AND SC.CouNo=C.CouNo AND StuName
LIKE @StuName ORDER BY StuNo,WillOrder";
    MySqlCommand cmd = new MySqlCommand(sql, cn);
    MySqlDataAdapter da = new MySqlDataAdapter();
    da.SelectCommand = cmd;
    cn.Open();
    DataSet ds = new DataSet();
    da.SelectCommand.Parameters.Add("@StuName",
MySqlDbType.VarChar).Value = "%" + txtStuName.Text + "%";
    da.Fill(ds);
    cn.Close();
    this.Text = "全套选课系统开发请参考《Visual Studio 2015 (C#) Windows
数据库项目开发》";
    dgvxk.DataSource = ds.Tables[0];
```

（11）运行程序，在“姓名”文本框中输入“林斌”，单击“查询”按钮，此时可以看到林斌报名的选修课程。

任务 A.2　ASP.NET 网站开发

【任务】开发网页版的应用程序。在“姓名”文本框中任意输入学生姓名（如林斌），单击“查询”按钮，则显示该名学生报名的选修课程，如图 A-6 所示。

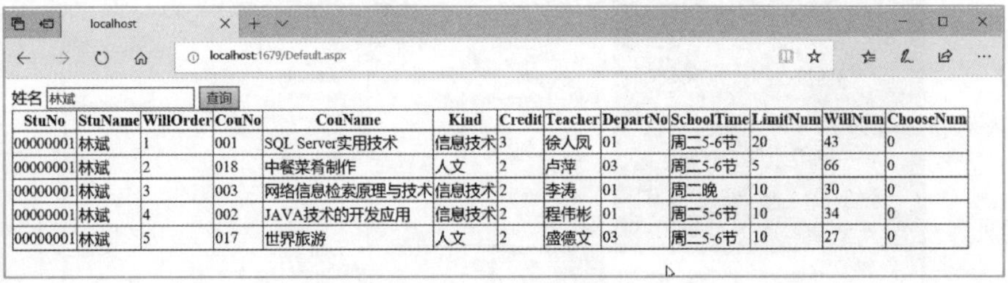

localhost
localhost:1679/Default.aspx
姓名 林斌 查询

StuNo	StuName	WillOrder	CouNo	CouName	Kind	Credit	Teacher	DepartNo	SchoolTime	LimitNum	WillNum	ChooseNum
00000001	林斌	1	001	SQL Server实用技术	信息技术	3	徐人凤	01	周二5-6节	20	43	0
00000001	林斌	2	018	中餐菜肴制作	人文	2	卢萍	03	周二5-6节	5	66	0
00000001	林斌	3	003	网络信息检索原理与技术	信息技术	2	李涛	01	周二晚	10	30	0
00000001	林斌	4	002	JAVA技术的开发应用	信息技术	2	程伟彬	01	周二5-6节	10	34	0
00000001	林斌	5	017	世界旅游	人文	2	盛德文	03	周二5-6节	10	27	0

图 A-6　执行结果

开发步骤如下。

（1）在 Visual Studio 2015 集成开发环境中，选择“文件”→“新建”→“网站”打开“新建网站”对话框。选择“Visual C#”下的“ASP.NET 空网站”选项，设置“Web 位置”为“文件系统”，这里设置为“C:\WebXk”（读者可自行设置适合自己的 Web 位置)，如图 A-7 所示，最后单击“确定”按钮。

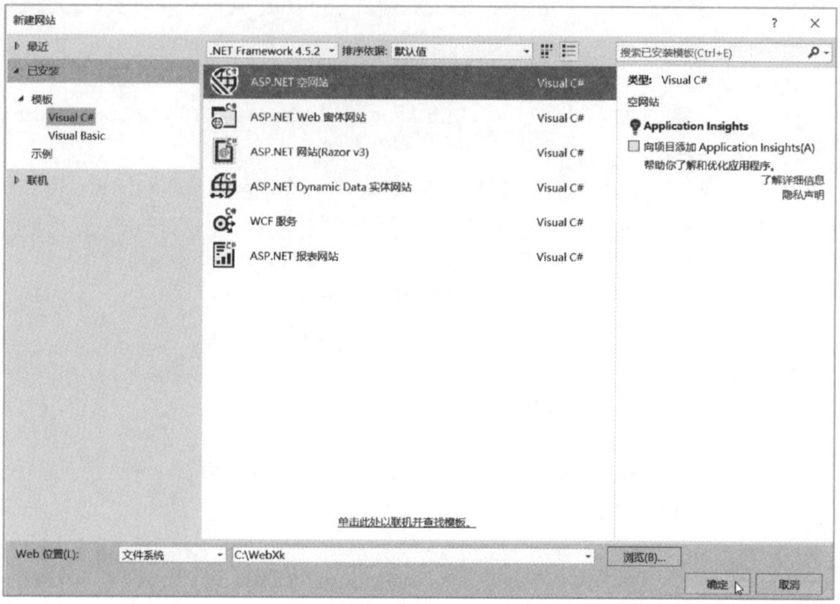

图 A-7 新建 ASP.NET 网站

(2) 此时弹出如图 A-8 所示的窗口，在“解决方案资源管理器”面板中右击项目“WebXk”，在弹出的快捷菜单中单击“添加”→“添加新项”。

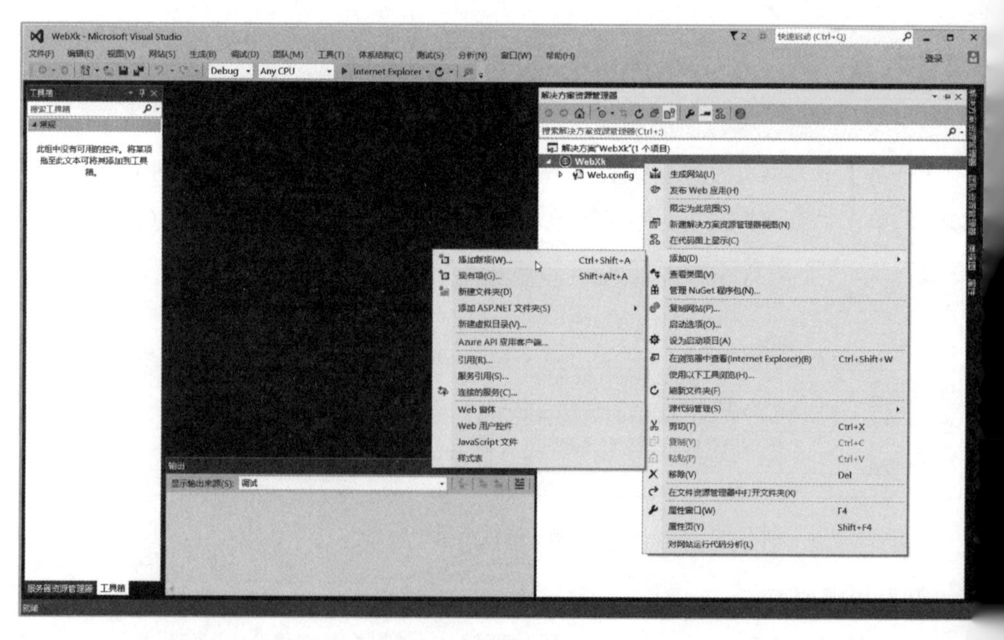

图 A-8 在项目中添加新项

(3) 此时弹出如图 A-9 所示的窗口，选择“Visual C#”下的“Web 窗体”

选项，单击“添加”按钮。

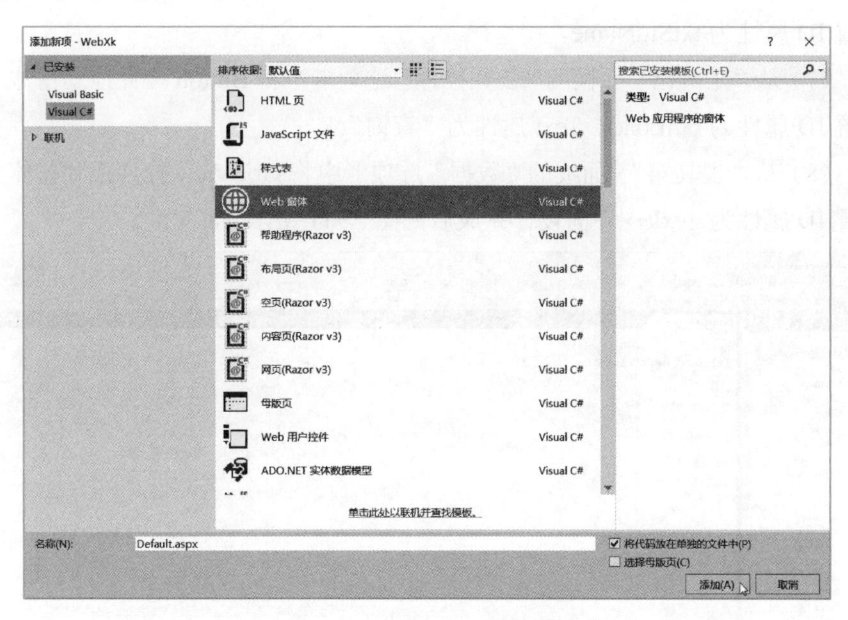

图 A-9　选择添加 Web 窗体

（4）如图 A-10 所示，注意图中鼠标指针的位置，单击“设计”切换到设计视图。

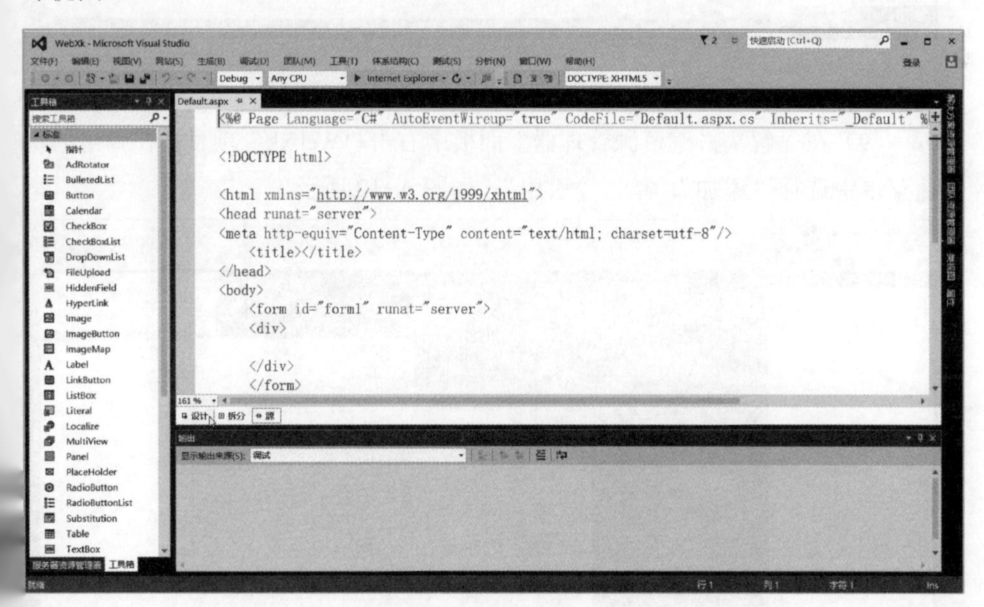

图 A-10　切换到设计视图

（5）从“工具箱”面板的“标准”选项卡中将 Label 控件拖到窗体上，设置其 Text 属性为“姓名”。

（6）从“工具箱”面板的“标准”选项卡中将 TextBox 控件拖到窗体上，设置 ID 属性为 txtStuName。

（7）从“工具箱”面板的“公共控件”选项卡中将 Button 控件拖到窗体上，设置 ID 属性为 btnLoad，Text 属性为“查询”。

（8）从“工具箱” 面板的“数据”选项卡中将 GridView 控件拖到窗体上，设置 ID 属性为 gvxk，界面设计完成后如图 A-11 所示。

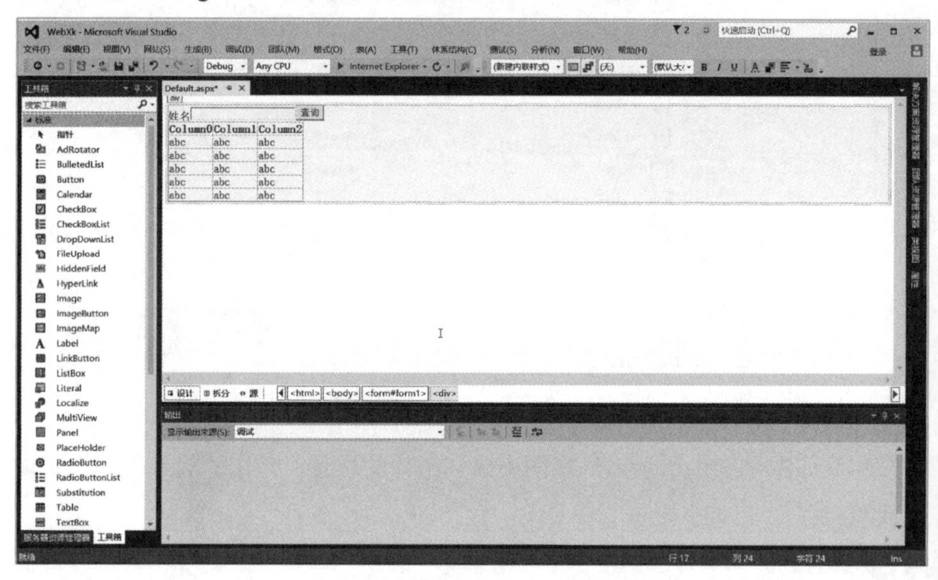

图 A-11　设计界面

（9）在“解决方案资源管理器”面板中右击“Webxk”项目，在弹出的快捷菜单中选择“添加”，单击“引用”，如图 A-12 所示。

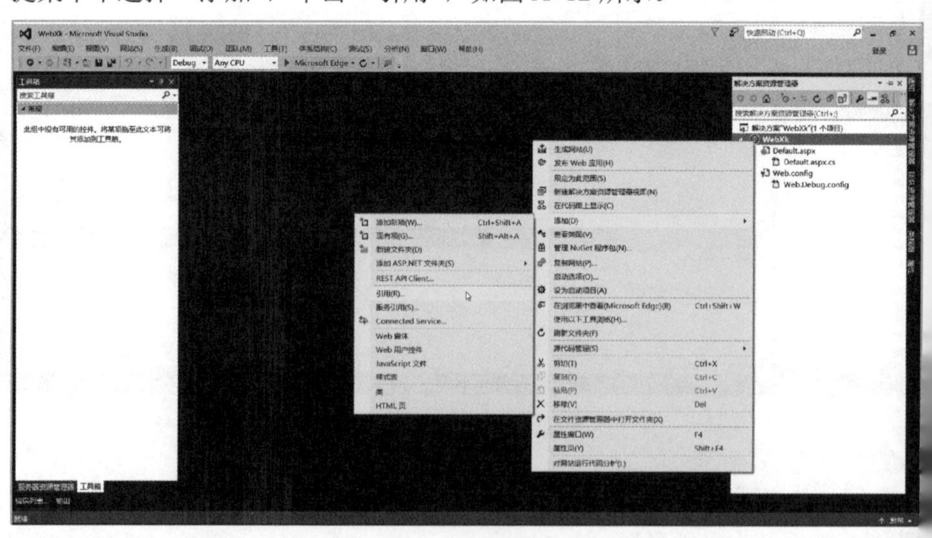

图 A-12　添加引用

（10）在右上方搜索框内输入“mysql”，选中“MySql.Data”，单击“确定”按钮，如图 A-13 所示。

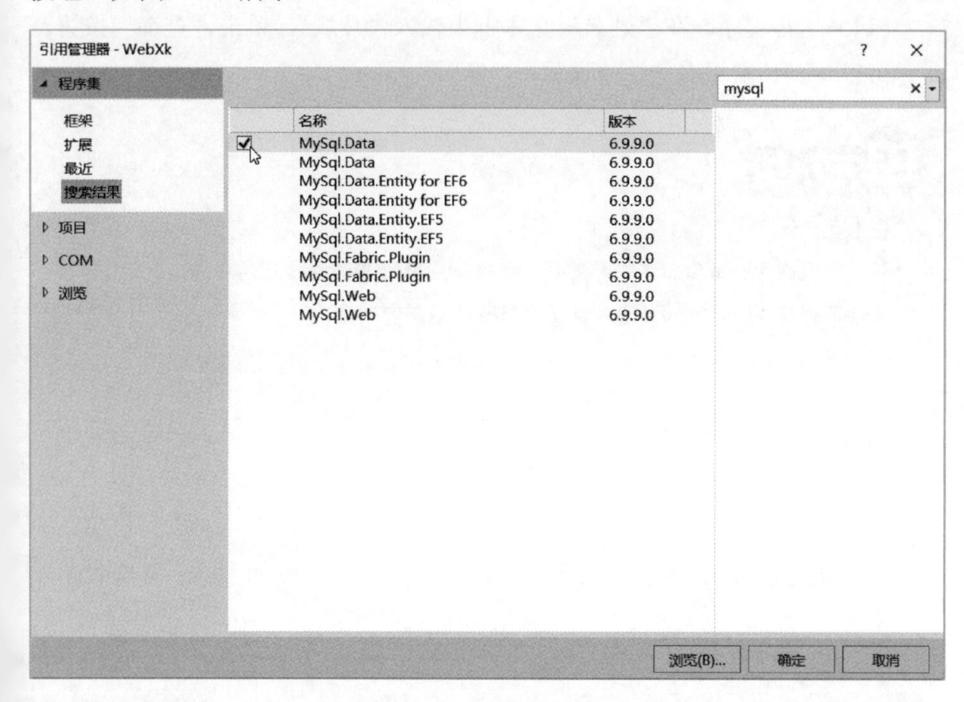

图 A-13　引用 MySql.Data

（11）双击 btnLoad 按钮创建 Click 事件框架。

（12）在编写 Click 事件代码前先在代码顶部的 using 语句后输入如下代码：

```
using System.Data;
using MySql.Data.MySqlClient;
```

（13）将光标定位到 btnLoad 按钮的 Click 事件代码框架内，输入如下代码：

```
MySqlConnection cn = new MySqlConnection(@"server=localhost;user
id=root;password=root;port=3306;database=xk");
MySqlCommand cmd = new MySqlCommand("SELECT S.StuNo,StuName,
WillOrder,C.* FROM stucou SC,student S,course C WHERE SC.StuNo=
S.StuNo AND SC.CouNo=C.CouNo AND StuName LIKE @StuName ORDER BY
StuNo,WillOrder", cn);
MySqlDataAdapter da = new MySqlDataAdapter();
da.SelectCommand = cmd;
cn.Open();
DataSet ds = new DataSet();
da.SelectCommand.Parameters.Add("@StuName", MySqlDbType.VarChar).
Value = "%" + txtStuName.Text + "%";
da.Fill(ds);
cn.Close();
```

```
gvxk.DataSource = ds.Tables[0];
gvxk.DataBind();
```

（14）运行程序，在“姓名”文本框中输入“林斌”，单击“查询”按钮，此时可以看到林斌报名的选修课程。

在本单元:

- 掌握在Visual Studio中开发基于数据库应用的Windows应用程序。
- 掌握在Visual Studio中开发基于数据库应用的网站。

参 考 文 献

[1] 徐人凤，曾建华. SQL Server 2014 数据库及应用[M]. 5 版. 北京：高等教育出版社，2018.

[2] 曾建华. SQL Server 2014 数据库设计开发及应用[M]. 北京：电子工业出版社，2016.

[3] 张婷. MySQL 5.7 从入门到实践[M]. 北京：清华大学出版社，2018.

[4] 李波. MySQL 从入门到精通[M]. 北京：清华大学出版社，2015.

[5] 曾建华. Visual Studio 2010（C#）Windows 数据库项目开发[M]. 2 版. 北京：电子工业出版社，2014.

[6] 曾建华. Visual Studio 2010（C#）Web 数据库项目开发[M]. 北京：电子工业出版社，2013.